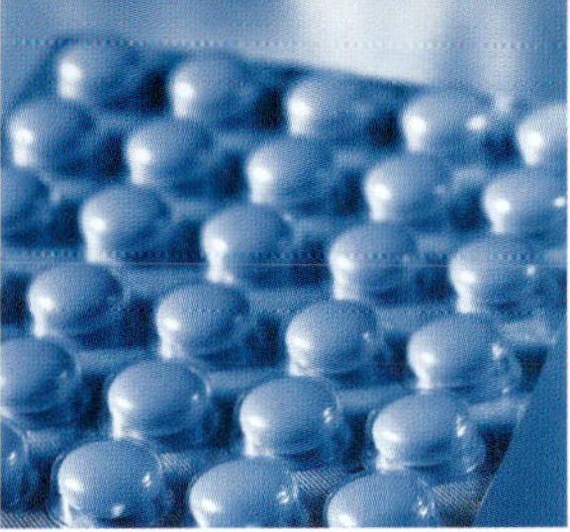

D1641537

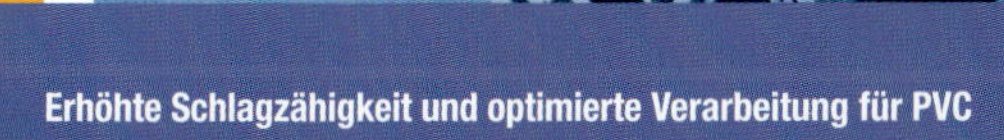

BASF
The Chemical Company

Eckhard Röhrl

**PVC-Taschenbuch**

Eckhard Röhrl

# PVC Taschenbuch

HANSER

*Der Autor:*
Dr. Eckhard Röhrl, Am Talhaus 7, 67316 Carlsberg

Bibliografische Information Der Deutschen Bibliothek:

Die Deutsche Bibliothek verzeichnet diese Publikation in der Deutschen Nationalbibliografie; detaillierte bibliografische Daten sind im Internet über <http://dnb.d-nb.de> abrufbar.

ISBN 13: 978-3-446-40380-2


www.hanser.de
Herstellung: Oswald Immel
Satz: PTP-Berlin
Coverconcept: Marc-Müller-Bremer, Rebranding, München,
Umschlaggestaltung: MCP • Susanne Kraus GbR, Holzkirchen
Druck und Bindung: Kösel GmbH & Co, Altusried-Krugzell
Printed in Germany

# Vorwort

Es gibt einige umfangreiche und sehr informative Fachbücher über PVC. Dabei werden sehr ausführlich seine Herstellung, die Additive, seine Verarbeitung und die Anwendungen von Halbzeug und Fertigteilen beschrieben. Für den „Neuling“ auf dem PVC-Sektor wirkt oft schon der Umfang dieser Werke abschreckend, denn gemäß dem Wunsch der Herausgeber und Autoren sollen sie möglichst wissenschaftlich und lückenlos über das jeweilige PVC-Thema informieren.

Mit diesem schmalen Taschenbuch wird nun der Versuch gewagt, in der Praxis gewonnene Erfahrungen an den Neuling auf dem PVC-Sektor zu vermitteln, ohne durch den Umfang der Information abzuschrecken. Es soll zunächst vielmehr einen Überblick über PVC und seine Verarbeitung verschaffen. Über die Erfahrungen, die der Autor im Laufe seines Berufslebens allgemein und speziell mit der PVC-Extrusion gesammelt hat und die bisher in der Fachliteratur nicht zu finden sind, wird informiert. Für „alte Hasen“ werden auch die so genannten „unwissenschaftlichen“ Themen, wie Plate-out, Verunreinigungen und ihre Folgen und die am häufigsten vorkommenden Verarbeitungsfehler behandelt. Für vertiefende Studien zu bestimmten PVC-Einzelthemen wird auf die Fachliteratur verwiesen. Weiterhin wird über die Herstellung von PVC-Fensterrahmen, ihr Bewitterungsverhalten, ihr Recycling und denkbare Alternativen zu PVC-Werkstoffen für Fensterrahmen berichtet.

Eckhard Röhrl

# Inhalt

# 1 Einführung

„Die Mitteilungsmöglichkeit des Menschen ist gewaltig, doch das meiste was er sagt, ist hohl und falsch. Die Sprache der Tiere ist begrenzt, aber was sie damit zum Ausdruck bringen, ist wichtig und nützlich. Jede kleine Ehrlichkeit ist besser als eine große Lüge".

Dieses sagte Leonardo da Vinci, der von 1452 bis 1519 in Italien lebte. Was dieser Naturforscher und Künstler damals sagte, ist heute noch ganz aktuell. Ich möchte meine Behauptung mit den folgenden Ausführungen belegen und ich bemühe mich, Ihnen nur die „kleinen Ehrlichkeiten" statt der „großen Lügen" zu erzählen.

Ich beginne mit einem Stoff, einem weißen Pulver, von dem in Deutschland jährlich über 7 Millionen Tonnen hergestellt werden. Dieses weiße Pulver ist extrem explosionsgefährlich, es ruft Allergien hervor und seine gesetzlich zugelassene Arbeitsplatzkonzentration ist auf 6 mg/m³ begrenzt. Bei Weiterverarbeitung dieses Pulvers verwendet man Ammoniumkarbonat und Ammoniumcarbamat als Stabilisatoren, diese zersetzen sich zu den „giftigen" Gasen Kohlendioxid und Ammoniak und gelangen dabei auch in die Umwelt. Ferner werden Stabilisatoren gegen Schimmelpilz- und Fäulnisbildung hinzugesetzt. Für bestimmte Anwendungen wird sogar Blausäure verwendet, immer jedoch werden solche „gefährlichen" Stoffe wie Natriumchlorid, Butyrodiolein oder Palmitodistearat eingesetzt.

Es muss sich also um einen sehr gefährlichen Stoff handeln und nach allem, was wir darüber gehört haben, sollte man sich vorsehen, davon etwas zu inhalieren oder gar Produkte daraus zu verschlucken.

Aber gerade das tun wir alle, fast täglich und dazu noch mit größtem Vergnügen, es handelt sich dabei nämlich um das uns allen vertraute *Mehl.*

Ich habe diese Geschichte nicht an den Anfang meiner Ausführungen gestellt, um vom PVC abzulenken, sondern ich will Ihnen an diesen Beispielen der „kleinen Ehrlichkeiten" zeigen, wie einfach es ist, unsere Mitmenschen mit wenigen Formulierungen aus Chemie, Medizin und Umwelt zu verunsichern. Wir müssen also immer, wenn wir uns nicht von gewissen Leuten ins Boxhorn jagen lassen wollen, mit scharfem Verstand und gesundem Misstrauen hinhören, wenn uns jemand etwas von „Gefährdung" erzählen will.

Holzstaub ist – wie wir alle wissen – auch krebserregend. Wenn Holz verbrennt, und ich meine naturbelassenes Holz, dann entstehen mindestens 16 kanzerogene Toxine; angefangen bei polycyclischen Aromaten, wie den Benzpyrenen, bis hin zum Dioxin und dem als „Sevesogift" bekannten 2,3,7,8-Tetrachlor-dibenzo-p-Dioxin; außerdem entstehen giftige Substanzen wie Aldehyde, Phenole und Kresole. Hätten Umweltschützer mit derselben Intensität, Permanenz und Penetranz auf die Umwelt- und Gesundheitsrelevanz von Holz hingewiesen, wie sie es beim PVC gemacht haben, dann hätten wir in Deutschland bereits Hunderte von Städten und Gemeinden, die sich zur „holzfreien Zone“ erklärt, respektive die Verwendung von Holz in ihrem Zuständigkeitsbereich stark eingeschränkt hätten.

Wenn Holzstaub so gefährlich ist, warum sind wir, oder zumindest die Schreiner nicht alle krebskrank? Das kann man an Beispielen aus unserer Ernährung gut erläutern:

Fast alle pflanzlichen Grundnahrungsmittel, die wir täglich zu uns nehmen, enthalten krebserregende Stoffe. So enthalten z. B. Birnen, Äpfel, Kartoffeln, Kopfsalat, Kohl, Sellerie, Trauben, um nur einige zu nennen, durchweg die erstaunliche Menge von mehr als 10 ppm (parts per million) kanzerogene Toxine. Dieses sind Toxine, die nicht etwa durch die Umwelt in die Pflanzen eingetragen worden sind, sondern Stoffe, die diese Pflanzen während ihres Wachstums selbst erzeugen, meist als Abwehrstoffe gegen Schädlinge. Trotz der täglichen Aufnahme dieser Nahrungsmittel ist nicht die gesamte Menschheit dem Krebs zum Opfer gefallen. Die Erklärung dafür liegt darin, dass jede einzelne Zelle des menschlichen Körpers in der Lage ist, täglich bis zu 10.000 DNA-Veränderungen (DNA = Desoxiribonucleinsäure) zu reparieren. Mit 10 ppm an kanzerogenem Potential in unseren Grundnahrungsmitteln ist die maximal tolerierbare Dosis (MTD) bei weitem nicht erreicht.

Doch wir sollten endlich zum PVC kommen!

PVC darf nach unseren Gesetzen den Gehalt von 1 ppm kanzerogenen VC’s nicht überschreiten, also nicht den zehnten Teil dessen, was die Nahrungsmittel von Natur aus mindestens enthalten. Außerdem wird PVC ja nicht gegessen; es werden daraus Erzeugnisse hergestellt, mit denen wir umgehen. Es ist also verständlich, dass noch niemand vom Umgang mit PVC-Erzeugnissen krank geworden ist.

Dennoch finden sich immer wieder Eiferer, Wichtigtuer und Möchtegern-Umweltschützer, die etwas gegen das PVC einzuwenden wissen und die uns damit haufenweise Lügen auftischen, die zwar schön verpackt sind, aber dennoch bleiben sie Lügen.

Was wird denn überhaupt gegen PVC vorgebracht? Auf den Punkt gebracht sind es zwei Dinge.

- PVC enthält ein Chlorderivat, es ist ein Produkt der „Chlorchemie“. Diese Argumentation ist natürlich sehr töricht. Viele Stoffe, die ebenfalls Produkte der Chlorchemie sind, werden von diesen Leuten sogar als Alternativwerkstoffe für PVC vorgeschlagen. Ich denke da z. B. an die Studie des Öko-Instituts und des IWU in Darmstadt, die im Auftrag der Hessischen Ministerien für Landesentwicklung, Wohnen, Landwirtschaft, Forsten, Naturschutz, sowie Wirtschaft, Verkehr, Technologie und Europaangelegenheiten erstellt wurde. Die Verfasser dieser Studie empfehlen doch tatsächlich PU (Polyurethan) als Alternativwerkstoff für PVC – wir kommen nachher noch darauf zu sprechen – obwohl hinreichend bekannt ist, dass Polyurethane Produkte der Chlorchemie sind und dass das bei der PU-Herstellung in Form von Salzsäure anfallende Chlorid durch die PVC-Herstellung sinnvoll weiterverwendet wird.

Kochsalz besteht zu zwei Dritteln aus einem Chlorderivat, dem Chlorid-Ion. Kein vernünftiger Mensch käme je auf die Idee, das Kochsalz deswegen zu verdammen oder gar zu verbieten; ohne Kochsalz (Natriumchlorid) ist ein menschliches Leben in der uns bekannten Form gar nicht vorstellbar.

- PVC enthält Stabilisatoren, Gleitmittel, Pigmente, Füllstoffe, manchmal auch Weichmacher. Angegriffen wird das PVC aus gewissen Kreisen im Wesentlichen wegen seiner Stabilisatoren und der Weichmacher. PVC-Fensterprofile z. B. enthalten keine Weichmacher, daher setzt man hier den Hebel bei den Stabilisatoren an.

Die ersten PVC-Fensterprofile waren mit Ba-Cd-Salzen stabilisiert. Diese Stabilisierung gab den Profilen ihre gute Witterungsbeständigkeit und das mit CPE (chloriertes PE) schlagzäh modifizierte PVC war gut zu verarbeiten. Im Zuge der Umstellung der Schlagzähkomponenten auf EVAC (Ethylen-Vinylacetat-Copolymer) und später auf polymere Acrylester konnte man die Stabilisierung auf Verbindungen des Blei (Pb) umstellen. Man erzielte damit sowohl technische als auch kaufmännische Vorteile. Die Pb-stabilisierten Mischungen waren einfacher herstellbar und verarbeitbar, weil die Stabilisatorenlieferanten so genannte „One-packs“ lieferten und die Kosten für die Pb-Stabilisierung waren etwas niedriger als die für die Ba-Cd-Stabilisierung. Die One-packs sind absolut staubfrei zu handhaben und sie enthalten alle Stabilisator- und Gleitmittelkomponenten in vorgemischter Form, sie sind automatisch oder halbautomatisch dosierbar und das mit dem Mischen beauftragte Personal ist keiner Gefahr ausgesetzt.

Für die Extrusion der Profile wird die verarbeitungsfertige PVC-Mischung oder das Granulat in geschlossenen Anlagen zum Extruder gefördert und im Extruder aufgeschmolzen. Der Profilstrang wird in der Düse ausgeformt und im Kaliber abgekühlt. Im PVC-Fensterprofil ist das Pb fest eingeschlossen, es ist biologisch nicht verfügbar; selbst wenn jemand auf die Idee kommen sollte, die Profile abzulecken, schaden würde es der Gesundheit nicht. Immerhin sind die PVC-Trinkwasserrohre, die seit über dreißig Jahren verwendet werden, alle mit Pb stabilisiert. Können Sie sich vorstellen, dass das am besten überwachte Lebensmittel „Trinkwasser“ in solchen Rohren transportiert werden dürfte, wenn auch nur die geringste Gefahr einer Gefährdung für die menschliche Gesundheit bestünde. Es gibt keinen medizinischen, keinen wissenschaftlichen und keinen umweltrelevanten Grund, auf Pb bei der Stabilisierung von PVC-Fensterprofilen zu verzichten.

Und dennoch, seit man um die teratogene (fruchtschädigende) Wirkung von Pb-Verbindungen weiß, sind auch die Pb-Stabilisatoren für PVC in der öffentlichen und politischen Diskussion mehr und mehr unter Druck geraten.

Die Stabilisatorenhersteller haben reagiert und sie haben – wenn der Weg dahin auch sehr steinig war – in relativ kurzer Zeit geeignete Stabilisierungssysteme für Fensterprofile auf der Basis von Ca und Zn auf den Markt gebracht.

Bei den Ca-Zn-Stabilisatoren wird die an sich schwache Thermostabilität der Ca- und Zn-Carboxylate (das sind z. B. Stearate, Laurate, Benzoate) durch die Verwendung anorganischer (natürliche und synthetische Zeolithe, Hydrotalkite, wie z. B. Alkamizer, Ca-Al-Hydroxyphosphit) und organischer Costabilisatoren (wie z. B.-1.3-diketone, Ca-Acetylacetonat, THEIC = Tris-hydroxy-ethyl-isocyanurat) auf das notwendige Niveau angehoben.

Wenn jetzt noch die Gleitmittel hinzukommen, dann sieht die Ca-Zn-Stabilisierung eher wie eine „explodierte Apotheke" aus. Lassen Sie sich aber bitte nicht durch die paar chemischen Ausdrücke verunsichern, denken Sie an das Mehl!

Diese Costabilisatoren sind im Vergleich zu den bekannten Pb-Verbindungen relativ teuer. Daher ist eine Fensterrezeptur auf Basis von Ca-Zn heute immer noch um etwa 0,10 €/kg teurer als das bewährte Pb-Rezept. Diese Kosten werden weiterhin überlagert von den Kosten für Änderungen an den Extrusionswerkzeugen und Maschinen zur Extrusion, den erhöhten logistischen Aufwand einer Umstellung und durch die doppelte Lagerhaltung. Um wie viel teurer jeweils die Ca-Zn-stabilisierten Profile im Vergleich zu den bisherigen werden, hängt also von vielen Faktoren ab und die Mehrkosten dürften daher bei den verschiedenen Herstellern unterschiedlich ausfallen.

Qualitativ sind die Ca-Zn-stabilisierten Profile einwandfrei. Ihre Beständigkeit gegen Einflüsse der Bewitterung ist – wie gehabt – hervorragend und ihr Verhalten im täglichen Gebrauch einwandfrei. Ihr Rezyklierverhalten ist ebenso unproblematisch wie das der Pb-stabilisierten Profile und sie sind beim Rezyklieren mit den anderen Stabilisierungen problemlos mischbar.

Bei den Stabilisatorherstellern können die Kapazitäten für eine komplette Umstellung aller Profile, Rohre und Platten auf Ca-Zn in kurzer Zeit bereitgestellt werden. Einem vollständigen Verzicht auf die Pb-Stabilisierung stünde also technisch nichts im Wege, wenn der Markt bereit und in der Lage wäre, die entstehenden Mehrkosten aufzubringen. Es fällt dem Informierten allerdings sehr schwer, eine technisch, ökologisch und ökonomisch nicht gerechtfertige politische Forderung nachzuvollziehen.

Jahrelang haben PVC-Gegner behauptet, der im PVC oft verwendete Weichmacher DOP (= Dioctylphthalat, auch DEHP = Diethylhexylphthalat) würde beim Menschen Krebs erregen. Inzwischen wurde anhand korrekter wissenschaftlicher Untersuchungen nachgewiesen, dass DOP beim Menschen in den üblichen Dosierungen nicht krebserregend ist. Dennoch ist inzwischen mit politischem Druck durchgesetzt worden, dass DOP mehr und mehr durch andere Weichmacher, von denen man bisher annimmt, dass sie weniger „problematisch" sind, ersetzt wird.

Jahrelang wurde von PVC-Gegnern behauptet, das in den Stabilisatoren früher verwendete Cadmium würde beim Menschen Krebs auslösen. Auch diese Behauptung musste inzwischen korrigiert werden, da die damaligen Untersuchungen nicht sachgerecht durchgeführt worden waren. Dieses Thema hat sich allerdings inzwischen erledigt, Cadmium wird aufgrund des politischen Druckes in Stabilisatoren für PVC nicht mehr verwendet.

Zweifellos ist es richtig, dass beim zu sorglosen Umgang mit Stoffen, wie sie auch im PVC Verwendung finden, Gefahren für die Gesundheit der Menschen heraufbeschworen werden können. Das gilt jedoch für fast alle natürlichen und künstlichen Stoffe, mit denen wir im täglichen Leben in Kontakt kommen können. Entscheidend für uns alle ist, wie wir mit ihnen umgehen.

Daher meine Aufforderung: Denken Sie immer an Leonardo da Vinci, wenn Sie mit neuen, nicht ganz sicher bewiesenen Behauptungen zum PVC oder anderen Dingen von den „Neunmalklugen" konfrontiert werden!

Lassen Sie mich noch kommentarlos einen Artikel aus der Zeitschrift „Sciencexpress" vom 17.01.2002 zitieren:

> *Natur als Umweltschützer*
>
> *Wenn PCB, DDT und andere organische Chlorverbindungen in der Umwelt auftauchen, ist für viele klar: Der Mensch war's. Diese Stoffe gelten geradezu als Inbegriff der Chemie, die mit ihren künstlichen Produkten die Umwelt vergiftet. Doch dieses Urteil ist vorschnell. Tatsächlich entstehen, wie Satish C.B. Myneni von der Universität Princeton (New Jersey) jetzt zeigte, chlororganische Stoffe auch ganz natürlich beim biologischen Abbau von Pflanzenmaterial. Mit einer speziellen Methode (der Röntgenabsorption) konnte der US-Forscher verrottetes pflanzliches Gewebe analysieren, dessen Schadstoffgehalt mit den üblichen chemischen Analyseverfahren wie der Atomabsorption nicht nachweisbar ist.Blätter, Stängel, Wurzeln und Rinde enthalten in frischem Zustand Chloridionen. Diese reagieren bei der Zersetzung des Pflanzenmaterials zu chlorierten Kohlenwasserstoffen,*

*ring- oder kettenförmigen Molekühlen mit ein bis zwei Chloratomen. Diese Forschungsergebnisse werfen ein neues Licht auf die Schädlichkeit von Organochlorverbindungen in der Umwelt. Kommt die Natur mit ihnen – den natürlichen wie den anthropogenen – womöglich besser zurecht als bisher angenommen?*

# 2 PVC-Rohstoffe

Die Marktbedeutung von PVC, seine historische Entwicklung und die Herstellung von Vinylchlorid, dem Monomeren des PVC sollen hier nicht behandelt werden. Für den Interessierten bietet sich das umfassende Kunststoff Handbuch Becker/Braun, 2/1 und 2/2 Polyvinylchlorid vom Carl Hanser Verlag an. Hier wird auf die anwendungstechnisch relevanten Eigenschaften der unterschiedlichen PVC-Typen und deren Molekülkettenlängen (K-Werte) hingewiesen.

Grundsätzlich hat man zwischen drei PVC-Polymerisationstypen zu unterscheiden.

*E-PVC* (E = Emulsion) wird wegen des niedrigen Siedepunktes von monomerem Vinylchlorid (Siedepunkt von VCM = –13,9 °C) in großen Autoklaven im wässrigen Emulsionsverfahren seit 1929 hergestellt. Um VCM in Wasser gleichmäßig zu verteilen, werden Emulgatoren verwendet. Die Polymerisationsinitiatoren, meist Peroxide oder andere Per-Verbindungen, sind wasserlöslich. Die Emulsionspolymerisation kann kontinuierlich oder diskontinuierlich erfolgen. Beim diskontinuierlichen Prozess werden etwa 1 %, beim Kontinuierlichen ca. 2,5 % Emulgator verwendet. Die Emulgatoren sind oberflächenaktive Substanzen, wie z. B. Alkylsulfonate, -sulfate oder Ammoniumsalze von Fettsäuren. Am Ende der Polymerisation wird aus der Emulsion das Wasser in so genannten Sprühtrocknern durch Verdampfen abgetrennt. Man erhält ein mehr oder weniger körniges PVC-Pulver, in dem alle Polymerisationshilfsstoffe bzw. deren Reaktionsprodukte enthalten sind, in der je nach Polymerisationslenkung und Trocknung für den jeweiligen Anwendungsfall optimalen Molekülkettenlänge (K-Wert), Korngrößenverteilung, Porosität und Schüttdichte (Bild 1). Für spezielle Anwendungen werden auch „ausgewaschene" PVC-Typen hergestellt. Diese

A)

B)

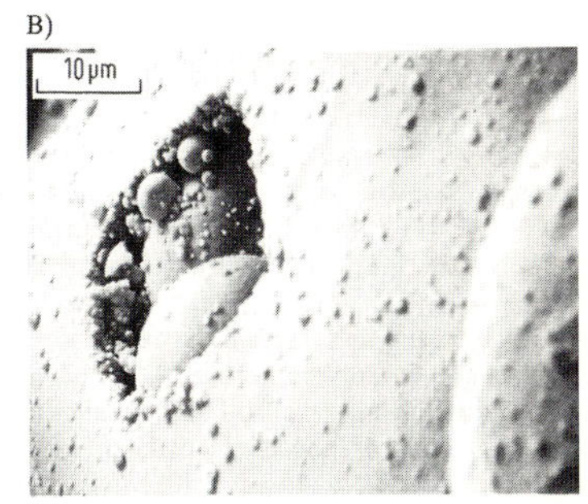


**Bild 1:** Rasterelektronenmikroskopische Aufnahmen eines Emulsions-PVC für die Hartverarbeitung, A) Übersichtsaufnahme, B) Detailaufnahme
(aus: Becker/Braun: Kunststoffhandbuch 2/1 Polyvinylchlorid, Carl Hanser Verlag)

enthalten dann, weil sie mit Wasser nachgewaschen werden, wesentlich weniger Reste von Polymerisations-Hilfsstoffen, was sich im Verarbeitungsverhalten niederschlägt.

*S-PVC* (S = Suspension) wird in wässriger Suspension seit 1935 ebenfalls in Autoklaven erzeugt. Dabei verteilt man das VCM mit Hilfe von Suspensionsstabilisatoren wie Polyvinylalkohol und kurzkettigen, wasserlöslichen Cellulosen in kleinen Tröpfchen im Prozesswasser. Die Polymerisation wird durch organische Peroxide oder Azobisisobutyronitril (AIBN) initiiert. Nach Abschluss der Polymerisation wird ein großer Teil des Wassers in Zentrifugen vom PVC separiert. Das restliche Wasser wird in großen Schachttrocknern durch Verdampfen vom PVC abgetrennt. Auch bei diesem Prozess erhält man ein mehr oder weniger körniges PVC-Pulver mit durch den Polymerisations- und Trocknungsprozess festgelegter Molekulargewichtsverteilung (K-Wert), Porosität, Korngrößenverteilung und Schüttdichte (Bild 2 und 3). Auch Co- und Pfropfpolymerisate werden nach diesem Verfahren hergestellt. Bei zusätzlicher Verwendung geringer Emulgator-

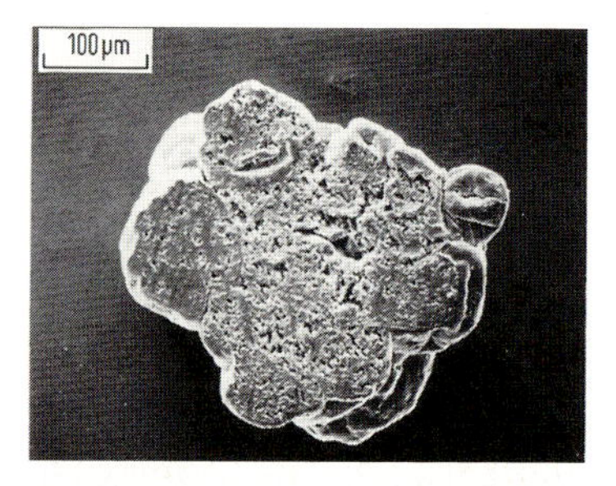


**Bild 2:** Rasterelektronenmikroskopische Aufnahmen eines Suspensions-PVC für die Hartverarbeitung
(aus: Becker/Braun: Kunststoffhandbuch 2/1 Polyvinylchlorid, Carl Hanser Verlag)

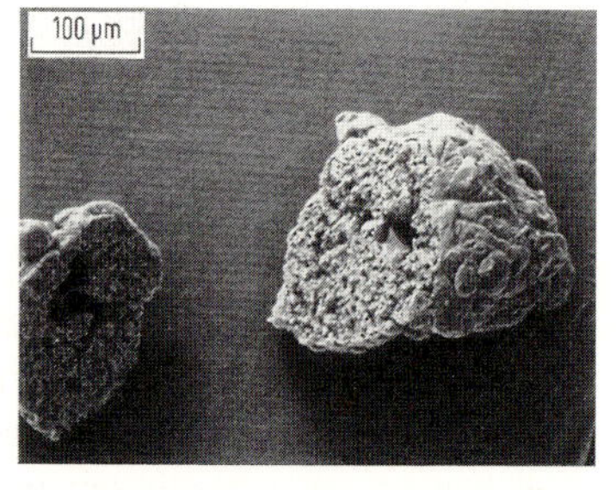


**Bild 3:** Rasterelektronenmikroskopische Aufnahmen eines Suspensions-PVC für die Weichverarbeitung
(aus: Becker/Braun: Kunststoffhandbuch 2/1 Polyvinylchlorid, Carl Hanser Verlag)

mengen in der Suspension erhält man eine Mikrosuspension und damit feinkörnigeres PVC (MS-PVC).

Bei den Copolymerisaten werden gemeinsam mit dem VC andere Monomere (z. B. Vinylacetat = VAC) polymerisiert. Diese Copolymerisate zeichnen sich durch ganz besondere Eigenschaften aus, wie z. B. das VC/VAC-Copolymere durch eine besonders gute Fließfähigkeit der Schmelze. Bei der Pfropfpolymerisation werden in der VC-Wasser-Suspension Polymerteilchen (z. B. Polyacrylatelastomere) mit vorgelegt und das VC wird auf diese Teilchen aufgepfropft, d. h., chemisch fest verbunden. Auf diesem Wege erzeugt man PVC-Typen, die von Haus aus eine besonders hohe Schlagzähigkeit aufweisen.

*M-PVC* (M = Masse) wird nach einem speziellen zweistufigen Verfahren ebenfalls in Druckbehältern quasi kontinuierlich ohne Wasser, Emulgatoren (E-PVC) oder Schutzkolloiden (S-PVC) „in der Masse“ polymerisiert. Der Polymerisationsinitiator (Peroxide) ist dabei im VCM gelöst. Man benutzt bei diesem Verfahren die Tatsache, dass PVC in dem monomeren VC nicht löslich ist. Bei diesem Verfahren ergeben sich bei ähnlicher Korngrößenverteilung und K-Werten höhere Schüttdichten des PVC-Pulvers (Bild 4). Höhere Schüttdichte heißt aber auch geringere Porosität, so dass hierdurch Einschränkungen in seiner Anwendung bestehen. Andererseits sind Artikel aus M-PVC wegen des Fehlens der Polymerisationshilfsstoffe wesentlich brillanter und transparenter als beim S- oder E-PVC.

**Bild 4:** Rasterelektronenmikroskopische Aufnahmen eines Masse-PVC für die Hartverarbeitung
(aus: Becker/Braun: Kunststoffhandbuch 2/1 Polyvinylchlorid, Carl Hanser Verlag)

Eines haben alle PVC-Typen gemeinsam: Sie sind aus Primärteilchen (Noduln), Sekundärteilchen (Globulen) und Tertiärteilchen (PVC-Korn) aufgebaut. Diese Teilchen entstehen bei der Polymerisation in der genannten Reihenfolge. Das Tertiärteilchen ist das, was wir sehen. Durch die unterschiedlichen Polymerisationsprozesse sehen sie allerdings sehr unterschiedlich aus und haben auch sehr unterschiedliche Eigenschaften, was sich in der Schüttdichte, der Rieselfähigkeit

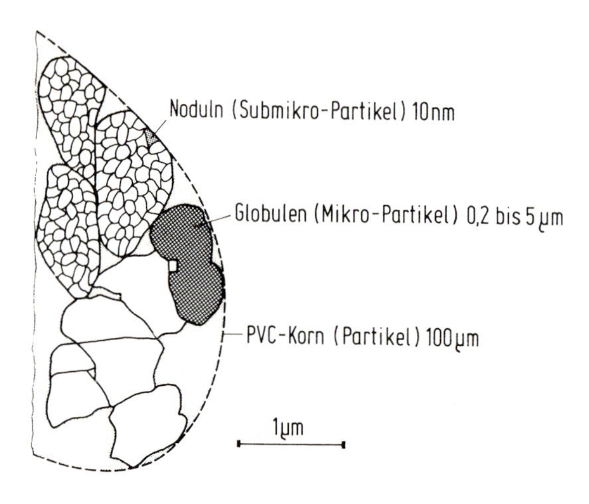


**Bild 5:** Mikrostruktur von PVC (PVC-Aggregate)
(aus: Becker/Braun: Kunststoffhandbuch 2/2 Polyvinylchlorid, Carl Hanser Verlag)

und vor allem in der Weichmacheraufnahme niederschlägt und aus diesen Gründen auch auf das spätere Verarbeitungsverhalten (Bild 5).

Die Eigenschaften der PVC-Rohstoffe, wie K-Wert, Schüttdichte, Korngrößenverteilung, Porosität, Rieselverhalten, elektrische Leitfähigkeit, Restfeuchte usw. sind in Spezifikationen festgelegt. Für die Prüfung der Eigenschaften gibt es Normen und Richtlinien, die für den Fall einer Überprüfung bestimmter Eigenschaften angewendet werden. Das gilt auch für die Erfassung von Fremdstoffen und Verschmutzungen. In Abweichung zu den genormten Verfahren verwendet man bei der Untersuchung von PVC und Additiven zur Erfassung gröberer Kontaminationen ein geeignetes Sieb, dessen Maschenweite nur wenig über der Korngröße des zu prüfenden Stoffes liegt. Zur Ermittlung anderer Verunreinigungen verwenden die Verarbeiter eine Schüttelrinne (z. B. von Retsch) mit gut beleuchteter Lupe. Auf diese Weise kann man Fremdstoffe schnell erkennen und gegebenenfalls auch zur Analyse isolieren. Seit einiger Zeit wird zur Identifikation und zur Prüfung der Reinheit von Rohstoffen auch die „Nahfeld-Infrarot-Spektroskopie“ (NIR) verwendet. Dieses Verfahren ist einfach anwendbar und hat den Vorteil, dass mit Hilfe einer Sonde, die in den Rohstoff gestoßen werden kann, sofort der Rohstoff und seine Qualität bestimmt werden können.

Das PVC wird wegen der guten bis hervorragenden Eigenschaften bei seiner Verarbeitbarkeit und den dabei hergestellten Artikeln hoch geschätzt.

PVC ist verarbeitbar

- von ganz hart bis ganz weich,
- in allen gängigen Verfahren,
- als Paste oder/und Organosol.

Halbzeug und Fertigartikel aus PVC haben

- gute mechanische Eigenschaften,
- geringe Gasdurchlässigkeit,
- hohe Chemikalienbeständigkeit,
- gute Transparenz (wenn erwünscht),
- ein hohes Füllstoffaufnahmevermögen,
- gute elektrische Eigenschaften,
- gutes Bewitterungsverhalten.

Außerdem sind sie

- gut thermoplastisch verformbar und verschweißbar,
- für den Kontakt zu Lebensmitteln, Blut, Wasser und Medikamenten zugelassen.

Die unterschiedlichen Anwendungsgebiete für die verschiedenen PVC-Typen sind in Tabelle 1 zusammengestellt (siehe nächste Seite!).

**Tabelle 1:** Kunststoffverarbeitungsverfahren und damit verarbeitete PVC-Grundtypen (aus: Becker/Braun: Kunststoffhandbuch 2/1 Polyvinylchlorid, Carl Hanser Verlag)

| Verarbeitungsverfahren | Bevorzugt verwendete PVC-Grundlagen | | | | | | | |
|---|---|---|---|---|---|---|---|---|
| | E-PVC | | Mikro-S-PVC | | S-PVC | | M-PVC | |
| | hart | weich | hart | weich | hart | weich | hart | weich |
| Spritzgießen | ○ | ○ | ○ | ○ | ++ | ++ | ++ | ++ |
| Extrudieren | | | | | | | | |
| Rohre, Schläuche | + | ○ | ○ | ○ | ++ | ++ | ++ | ○ |
| Profile | ++ | + | ○ | ○ | ++ | ++ | ++ | + |
| Kabel | ○ | ○ | ○ | ○ | ○ | ++ | ○ | + |
| Folien | + | ○ | ○ | ○ | ○ | + | ○ | ○ |
| Platten | + | ○ | ○ | ○ | ++ | ○ | ++ | ○ |
| Blasformen | ○ | ○ | ○ | ○ | ++ | ○ | ++ | ○ |
| Kalandrieren (Folien) | ++ | + | ○ | ○ | ++ | ++ | ++ | + |
| Pressen (Platten) | +[1]) | ○ | ○ | ○ | +[1]) | ○ | | |
| Verarbeitung von Pasten | | | | | | | | |
| Streichen | ○ | ++ | ○ | ++ | ○ | +[2]) | ○ | +[2]) |
| Tauchen | ○ | ++ | ○ | ++ | ○ | +[2]) | ○ | +[2]) |
| Gießen | ○ | ++ | ○ | ++ | ○ | +[2]) | ○ | +[2]) |
| Schmelzwalzenverfahren | | | | | | | | |
| Beschichten | ○ | + | ○ | ○ | ○ | ++ | ○ | ○ |
| Folien | ○ | ○ | ○ | ○ | ++ | ++ | ++ | ○ |
| Sintern | ++ | ○ | ○ | ○ | ++ | ○ | ○ | ○ |

++ vorwiegend, + in kleinerem Umfang, ○ nicht oder nur ausnahmsweise

[1]) vorwiegend Copolymere, [2]) Extender-PVC

# 3 Hilfsstoffe/Additive

Unter Hilfsstoffen versteht man alle Additive, die dem PVC-Rohstoff für seine Verarbeitung und zur Erzielung der gewünschten Eigenschaften des Endproduktes während des Mischprozesses oder bei der Verarbeitung hinzugefügt werden. Darunter versteht man Stabilisatoren, Costabilisatoren, Gleitmittel, monomere und polymere Modifier, Weichmacher, Füllstoffe, Pigmente und spezielle Rezeptkomponenten, wie optische Aufheller, Mattierungsmittel, Antioxidantien, UV-Stabilisatoren und Treibmittel.

## 3.1 Stabilisatoren

PVC ist der älteste thermoplastisch zu verarbeitende Kunststoff. Er entwickelte sich im Laufe der vergangenen 6 Jahrzehnte zu einem der bedeutendsten Massenkunststoffe mit einem unvergleichlichen Spektrum in der Anwendungsbreite. So kann man aus *einem* PVC-Rohstoff entweder ein dickwandiges Druckrohr für die Trinkwasserversorgung oder eine hauchdünne flexible Folie für die Verpackung von sensiblen Stoffen herstellen.

Die Anwendungen von PVC waren seit jeher eng an die Entwicklung geeigneter Stabilisatorensysteme gekoppelt. Die Entwicklungsimpulse kamen dabei im Wesentlichen von Seiten der Anwender, welche immer wieder eine höhere Leistungsfähigkeit der Stabilisierungssysteme bei gleichzeitiger Senkung der Kosten forderten. Dabei haben außerdem in den letzten 20 Jahren ökologische Aspekte an Bedeutung gewonnen, was wiederum einerseits zur Entwicklung neuer Stabilisierungssysteme führte, andererseits technisch bewährte Systeme aus der Anwendung verschwinden ließ.

Aufgrund seines chemischen Aufbaus muss PVC vor der thermoplastischen Verarbeitung gegen den thermischen Abbau bei der Verarbeitung stabilisiert werden. Die Stabilisierung erfolgt durch Zugabe von Substanzen, die zum Einen die beim thermischen Abbau freiwerdende Salzsäure (HCl) neutralisieren und binden. Zum Anderen koppeln sie sich an die durch die HCl-Abspaltung entstandenen Doppelbindungen in der Kohlenstoffkette des PVC durch Addition von stabileren Liganden an und verhindern so den weiteren Abbau. Diese Addition geschieht in der Regel mit organischen Verbindungen, wie z. B.

- Epoxyverbindungen,
- Beta-Diketonen,
- Beta-Aminicrotonsäureestern und Dihydropyridinen,
- Polyolen,
- organischen Phosphiten,
- 2-Phenylindolen,
- Harnstoffderivaten und Uracilen,
- anorganischen und organischen Verbindungen der Metalle Pb, Ba, Zn, Ca, Mg, Al und Sn.

$$\begin{aligned}&Pb(O{-}CO{-}C_{17}H_{35})_2 + HCl \rightarrow\\&Cl \cdot Pb \cdot O{-}CO{-}C_{17}H_{35} + HO{-}CO{-}C_{17}H_{35}\end{aligned}$$

$$Cl \cdot Pb \cdot O{-}CO{-}C_{17}H_{35} + HCl \rightarrow PbCl_2 + HO{-}CO{-}C_{17}H_{35} \qquad (1)$$

$$\begin{aligned}&(C_4H_9)_2Sn(S{-}CH_2{-}CO{-}O \cdot {}^iC_8H_{17})_2 + HCl \rightarrow\\&(C_4H_9)_2Sn(Cl)(S{-}CH_2{-}CO{-}O \cdot {}^iC_8H_{17}) + HS{-}CH_2{-}CO{-}O \cdot C_8H_{17}\end{aligned}$$

$$\begin{aligned}&(C_4H_9)_2Sn(Cl)\,(S{-}CH_2{-}CO{-}O \cdot {}^iC_8H_{17})_2 + HCl \rightarrow\\&(C_4H_9)_2SnCl_2 + HS{-}CH_2{-}CO{-}O \cdot {}^iC_8H_{17} \qquad (2)\end{aligned}$$

$$\begin{aligned}&CH_3{-}(CH_2)_7{-}\underset{\diagdown\ O\ \diagup}{CH{-}CH}{-}(CH_2)_7{-}CO{-}O \cdot R + HCl\\&\rightarrow CH_3{-}(CH_2)_7{-}\underset{OH}{\underset{|}{CH}}{-}\underset{Cl}{\underset{|}{CH}}{-}CO{-}O \cdot R \qquad (3)\end{aligned}$$

$$\begin{array}{c}CH_2 \quad CH \quad CH_2\\ \diagup\ \diagdown\!\!\diagup\!\!\diagup\ \diagdown\ \diagup\ \diagdown\\ CH \qquad CH\\ \quad\ \ |\\ S \qquad Cl\\ \diagup\diagdown\\ Sn\\ \diagup|\diagdown\end{array} \longrightarrow \begin{array}{c}CH_2 \quad CH \quad CH_2\\ \diagup\ \diagdown\ \diagup\ \diagdown\!\!\diagdown\ \diagup\ \diagdown\\ CH \qquad CH\\ |\\ S\\ \diagup\\ R\end{array} + \begin{array}{c}Cl\\ |\\ Sn\\ \diagup|\diagdown\end{array} \qquad (4)$$

**Gleichungen 1 – 4** (aus: Becker/Braun: Kunststoffhandbuch 2/1 Polyvinylchlorid, Carl Hanser Verlag)

Die metallhaltigen Stabilisatoren sind die wichtigsten für die PVC-Stabilisierung.

Die Ba-, Ca-, Mg-, und Zn-Stabilisierungen bestehen im Wesentlichen aus Lauraten, Myristinaten und Stearaten dieser Metalle. Sie benötigen zur Verbesserung ihrer stabilisierenden Wirkung die Unterstützung durch rein organische Verbindungen. Dabei gilt es als erwiesen, dass durch die Kombination der Stabilisatoren mit Costabilisatoren, Antioxidantien und Chelatoren ein synergistischer Effekt erzeugt wird. Die erreichbare Stabilität der Stabilisatorkombination liegt deutlich über der Summe der Einzelkomponenten. Poliole (Pentaerythrit, Trimethylolpropan) und Antioxidantien, wie z. B. Bisphenol A, verbessern ebenfalls die stabilisierende Wirkung der Metallverbindungen. Als Costabilisatoren werden außerdem die Chelatoren, das sind organische Phosphite (z. B. Diphenyldecylphosphit oder Phenyldidecylphosphit) und epoxidiertes Sojabohnenöl verwendet. Die zu dieser Gruppe früher gehörenden Cd-Stabilisatoren sind inzwischen aus ökologischen Gründen vom europäischen Markt verschwunden.

Die Pb-Stabilisatoren bestehen in der Regel aus ihren basischen Sulfaten, Sulfiten, Phosphiten und Stearaten. Neutrales Pb-Stearat hat neben seiner Wirkung als Gleitmittel auch einen geringen costabilisierenden Effekt. Die Pb-Stabilisatoren sind momentan noch die wichtigste Gruppe auf dem Stabilisatorenmarkt. Ihr Anteil geht jedoch laufend zugunsten der Ca-Zn-Systeme zurück.

Eine Besonderheit stellen die Sn-Stabilisatoren dar. Bei der Suche nach einer besonders transparenten und effektiven Stabilisierung stieß man in den USA gegen Ende der 30er Jahre des zwanzigsten Jahrhunderts auf Sn-organische Verbindungen. Dieses sind Ester oder Thioester von Sn mit Carbonsäuren und Thiocarbonsäuren. Diese Stabilisatoren zeichnen sich durch hohe Effizienz und sehr gute Transparenz im Fertigteil aus. In Europa werden sie hauptsächlich für transparente Folien, Platten und PVC-U-Teile verwendet. Sie haben sich trotz ihrer hervorragenden stabilisierenden Wirkung nicht überall durchsetzen können, weil sie wegen ihrer Klebeneigung oft verarbeitungstechnische Probleme brachten und weil sie mit den bekannten Pb-Stabilisatoren nicht verträglich sind (Pb-Sulfid-Bildung) und damit das Rezyklieren beeinträchtigen.

PVC-Fensterprofile sind ein gutes Beispiel für den Wandel bei der Verwendung von Metallstabilisatoren in den letzten 25 Jahren. Die ersten PVC-Fensterprofile bestanden aus CPE-modifizierten Hostalit Z® und wurden mit Ba-Cd-Stabilisatoren hergestellt, weil das Hostalit Z® mit diesem System am besten gegen die Einflüsse der Bewitterung stabilisierbar war.

Seit Ende der 70er Jahre konnte für die Stabilisierung wegen der inzwischen schrittweise erfolgten Umstellungen auf die Acrylatmodifizierung, die so genannte Mischstabilisierung eingeführt werden. Dabei wurden etwa 1/3 bis 2/3 des Ba-Cd-Stabilisators durch dibasisches Pb-Phosphit bzw. dibasisches Pb-Phosphit-Sulfit ersetzt.

Abgesehen vom niedrigeren Preis für diese Stabilisierung nahm man die höhere Thermostabilität und die größere Verarbeitungsbreite gerne als Vorteil mit. Der verbleibende Ba-Cd-Anteil im Stabilisator bewirkte eine deutlich hellere Anfangsfarbe am Halbzeug im Vergleich zur reinen Pb-Stabilisierung. Die Licht- und Wetterechtheit der PVC-Teile wurde durch den Ba-Cd-Anteil im Stabilisator gegenüber einer reinen Pb-Stabilisierung ebenfalls verbessert.

Seit Anfang der 90er Jahre ging ein deutlicher Trend zur reinen Pb-Stabilisierung, da das Schwermetall Cd wegen seiner Toxizität und des Verdachts der cancerogenen Wirkung atembaren Cd-haltigen Staubes immer mehr in die öffentliche Diskussion geriet und schließlich als Stabilisator verboten wurde.

Die Pb-Stabilisierung für witterungsbeständige Teile besteht heute im Wesentlichen aus dibasischem Pb-Phosphit und/oder -Phosphit-Sulfit, neutralem und basischem Pb-Stearat und Ca-Stearat. Der Hauptteil der stabilisierenden Wirkung wird durch das Pb-Phosphit getragen. Neben ihrer Wirkung als schwache Thermostabilisatoren wirken die Stearate von Pb und Ca auch als Gleitmittel – dieses muss unbedingt bei der Rezeptkomposition (s. auch Abschnitt 3.2) beachtet werden. Die Verwendung von Costabilisatoren wie Polyolen, epoxidiertem Sojaöl und Chelatoren erübrigt sich in der Regel für die Pb-Stabilisierung.

Pb-Stabilisatoren gelten seit jeher als mindergiftig; für ihre Verwendung als Stabilisatoren in PVC war dieses jedoch wegen der äußerst geringen Wasserlöslichkeit fester Pb-Stabilisatoren niemals von Bedeutung. Druckrohre für die Trinkwasserversorgung wurden seit Jahrzehnten mit 3-basischem Pb-Sulfat stabilisiert. Seit man aber um die fruchtschädigende (teratogene) Wirkung von Pb-Verbindungen weiß, geraten auch die Pb-Stabilisatoren in der öffentlichen Diskussion mehr und mehr unter Druck. Infolgedessen wird es vermutlich über kurz oder lang auch auf allen Sektoren der PVC-Verarbeitung zu einer Umstellung auf Ca-Zn-Stabilisatoren kommen, obwohl es dafür wirklich keinen technischen Grund gibt.

Eine technische Alternative zur Pb-Stabilisierung ist die Verwendung von Sn-Stabilisatoren. Allerdings ist die Kompatibilität der Sn-S-Stabilisatoren mit einigen Schwermetallen der anderen Stabilisatoren (Pb, Cd) nicht gegeben. Ca-Zn-Stabilisierungssysteme sind dagegen mit allen anderen Systemen verträglich, das ist für das Recycling besonders wichtig. Bei uns wird es daher in dem voraus schaubaren Zeitraum für Profile und Rohre auch keine Umstellung auf Sn-S-Systeme geben.

Bei Ca-Zn-Stabilisatoren wird die an sich schwache Thermostabilität der Ca- und Zn-Carboxylate (Stearate, Laurate, Benzoate) durch die Verwendung anorganischer (natürliche und synthetische Zeolithe, Hydrotalkite, z. B. Alkamizer, Ca-Al-Hydroxiphosphit) und organischer Costabilisatoren (1,3-Diketone, Ca-Acetylacetonat, THEIC = Tris-Hydroxyethyl-Isocyanurat) auf das notwendige Niveau angehoben. Diese Costabilisatoren sind im Vergleich zu den bekannten Pb-Verbindungen relativ teuer. Daher verteuert sich auch heute noch ein PVC-Fensterrezept auf Basis einer Ca-Zn-Stabilisierung gegenüber einer Pb-Stabilisierung um etwa 0,10 €/kg. Diese Mehrkosten, die sich aus der Rezeptänderung ergeben, werden überlagert von weiteren Kosten für Änderungen an den Werkzeugen und dem erhöhten logistischen Aufwand einer Umstellung. Eine rasche Rezeptumstellung wäre daher kaum zu erwarten gewesen, wenn kein stärkerer politischer Druck auf die Verarbeiter zugekommen wäre. Aber gemäß der Selbstverpflichtung der Industrie (PVC-Hersteller, -Verarbeiter und Stabilisatorenhersteller) aus dem Jahre 2000, bis spätestens zum Jahre 2015 Pb-Verbindungen als Stabilisatoren für PVC verschwinden zu lassen, ist Pb als Stabilisator für PVC politisch praktisch gestorben. Das bedeutet:

- Rohre, Profile und Kabel wird es ab 2015 nur noch in Pb-freier Stabilisierung geben.
- In der Zwischenzeit werden die PVC-Verarbeiter versuchen „Pb-frei" als Marketinginstrument zu nutzen.
- Ca-Zn-stabilisierte PVC-Teile können in allen Regionen Europas angeboten werden, auch dort, wo Pb-Stabilisierungen schon lange verboten sind.
- Ca-Zn-Stabilisatoren sind mit allen anderen Stabilisierungen „verträglich" – es wird beim Rezyklieren keine technischen Probleme geben.
- Pb-Verbindungen, die im PVC gebunden sind, stellen selbst für den kritischsten Betrachter keine Gefahr dar.
- Die technische Qualität der mit Ca-Zn stabilisierten PVC-Teile erreicht durchaus das Niveau der bekannten Pb-Stabilisierung.

Der PVC-Verbrauch lag im Jahr 2005 in Europa bei knapp 7 Millionen Tonnen bei einem Stabilisatorenbedarf von etwa 170.000 Tonnen. Die wesentlichen Veränderungen bei den Stabilisatoren ergaben sich durch

- das Verbot von Cd-Stabilisatoren,
- die Substitution von Pb- durch Ca-Zn-Stabilisatoren,
- die Verschiebung des Gesamtverbrauchs vom PVC-P zum PVC-U.

Seit 2001 ist erstmals ein Rückgang beim Verbrauch von Pb-Stabilisatoren zu registrieren. Dabei geht der Ersatz von Pb- durch Ca-Zn-Systeme unterschiedlich schnell voran. Die stärkste Substitutionsneigung zeigte sich bei Kabeln, während es bei Rohren und Profilen noch etwas zögerlicher verläuft.

Unterschiedliche Stabilisatorsysteme benötigen für die Extrusion auf Doppelschneckenextrudern unterschiedliche Mengen Stabilisatoren und Gleitmittel, je nach dem, wie ausgeprägt die Thermostabilität und die Eigengleitwirkung des Stabilisatorensystems ist (Tabelle 2).

**Tabelle 2:** Beispiel für PVC-Fensterprofile

| **Für 100 Teile Polymerwerkstoff werden benötigt (in phr)** | | | | | |
|---|---|---|---|---|---|
| Stabilisatoren | Ba-Cd | Pb-Ba-Cd | Pb | Ca-Zn | Sn |
| (ohne Costabilisatoren) | 2,5 | 3,0 | 3,5 | 2,8 | 1,2 |
| Gleitmittel (ca.-Werte) | 0,9 | 1,3 | 1,6 | 1,6 | 1,6 |

Die *Eigengleitwirkung* der Stabilisatoren, bzw. der Stabilisatorengemische – man arbeitet bei PVC-Rezepten nie mit einem Stabilisator alleine – wird u. a. auch durch den Herstellungsprozess mitbestimmt.

Bei der Herstellung in der Schmelze werden z. B. die Me-Oxide direkt mit den Carbonsäuren umgesetzt, das Reaktionswasser verdampft und die Schmelze kann auf geeignete Weise isoliert werden. Man erhält Schuppen, wenn die Schmelze von einer Kühlwalze mit einem Rakel abgezogen wird; man erhält Pastillen, wenn die Schmelze zum Abkühlen auf Bleche tropft und dort erstarrt; man erhält mehr oder weniger sphärolitische Teilchen, wenn die Schmelze aus Düsen versprüht wird.

Bei diesen Verfahren wird die Eigengleitwirkung der Stabilisatoren von der chemischen Natur der Carbonsäuren, der eingesetzten Menge im Verhältnis zum Me-Oxid, von der Länge der Carbonsäureketten, und vom Umsetzungsgrad, d. h. von der Restmenge freier Carbonsäuren, bestimmt. In Summa chemisch identische Stabilisatoren können sich daher im Verarbeitungsverhalten unter Umständen sehr unterscheiden, da sie unterschiedliche Mengen freier Carbonsäuren enthalten können. Bei Herstellung aus einer wässrigen Lösung werden die Stabilisatoren zwecks Abtrennung der Reaktionsprodukte ausgefällt und in der Regel auf Bandtrocknern anschließend getrocknet. Falls das gefällte Produkt beim Trocknen sintert oder verbackt, muss es in einem weiteren Arbeitsgang fein gemahlen werden.

Nach diesem Verfahren hergestellte Stabilisatoren sind chemisch einheitlich; ihre Gleitwirkung wird im Wesentlichen durch Art und Menge der verwendeten Carbonsäuren bestimmt. Es ist ersichtlich, dass scheinbar identische Stabilisatoren keineswegs im Verarbeitungsverhalten identisch sein müssen, daher ist bei Rezeptänderungen der Eigengleitwirkung der verwendeten Stabilisatoren hohe Aufmerksamkeit zu widmen.

Stabilisatoren und Costabilisatoren wurden früher als Einzelkomponenten gehandelt und dosiert. Um die stets etwas problematische Dosierung von Kleinmengen (z. B. 0,05 bis 8,0 phr) auf eine sichere Basis zu stellen, werden seit Jahren viele

Stabilisatorensysteme bereits bei den Herstellern als „One-packs“ hergestellt und vertrieben. In den One-packs enthalten sind alle wesentlichen Stabilisatoren, Costabilisatoren und die Gleitmittel innig vermischt; für besondere Anwendungen werden auch die Flowmodifier und spezielle Additive beigemischt, dadurch können die Stabilisatoren in staubarmer oder staubfreier Form gehandelt werden und ihre Dosierung in den Mischanlagen wird erleichtert.

Die Vorteile für den Verarbeiter liegen auf der Hand:

- Fast alle Rezeptbestandteile sind enthalten,
- vereinfachter Einkauf,
- einfache Lagerhaltung und eindeutige Kennzeichnung,
- geringerer Aufwand für die Qualitätskontrolle,
- einfachere und sichere Dosierung,
- bessere hygienische Bedingungen.

Seitens der Verarbeiter werden an die One-packs sehr hohe Anforderungen hinsichtlich ihrer Verarbeitbarkeit (= Aufschließverhalten im Mischer), Qualitätskonstanz, Lager- und Förderfähigkeit, Dosierbarkeit und schließlich des Preis-Leistungs-Verhältnisses gestellt.

Die Herstellungsmethoden, um zu Stabilisatorcompounds zu kommen, sind unterschiedlich. Man kann die Mischungen aus den Stabilisatoren, Gleitmitteln und anderen Additiven als pulvrige Ausgangsstoffe mischen und gegebenenfalls zu Pastillen oder Granulat kalt pressen oder man stellt dieses Gemisch aus einer Schmelze dar.

Die folgenden Lieferformen sind möglich:

- Pulvermischungen,
- Beutelpackungen,
- Granulate,
- Schuppen,
- Tabletten,
- Pasten,
- flüssige Mischungen.

Summarisch identische Stabilisatorencompounds sind im Verarbeitungsverhalten keineswegs identisch, wenn sie auf unterschiedlichem Weg gewonnen wurden, da die „Vorgeschichte“ des Compounds ganz maßgeblich das Aufschließverhalten beim Mischprozess bestimmt. Die Compounds lassen sich beim Mischen besser aufschließen, wenn sie unter schonenden mechanischen und thermischen Bedingungen hergestellt wurden; die damit hergestellten PVC-Dryblends (PVC-DB) zeichnen sich durch konstant gutes Verarbeitungsverhalten aus.

An einem Beispiel aus der Praxis soll erläutert werden, wie verheerend sich die Auswechslung von scheinbar chemisch identischen Stabilisatoren auf die Verarbeitung auswirken kann, wenn die Herstellung des Stabilisatorengemischs nicht mit in die Rezeptgestaltung einbezogen wird. Ein PVC-Fensterprofilhersteller arbeitete viele Jahre mit einem außer Haus hergestellten PVC-Compound, welches den Ba-Cd-Stabilisator eines bekannten Stabilisatorherstellers enthielt.

Der Standardstabilisator, im Wesentlichen Ba-Cd-Laurat, war pulverförmig und daher staubend. Die als nicht staubende Variante angebotene „chemisch identische" Alternative, war schuppenförmig. Wegen des sichereren Umgangs beim Dosieren des Stabilisators wurde eines Tages das XYZ-X (Pulver) gegen SMS-XYZ-X (Schuppen) beim Compoundeur des PVC-DB vorsorglich ausgetauscht.

Kurz danach kamen die ersten Klagen vom Profilextrudeur. Die Dimensionen der Profile waren verschoben, die Zähigkeit erfüllte nicht mehr die Anforderungen, der Oberflächenglanz war schlechter und auch das Schweißverhalten der Profile war deutlich schlechter geworden; außerdem kam es immer wieder zu Wachsablagerungen in den Kalibern.

Die Prüfung des PVC-DB und der eingesetzten Rohstoffe zeigte erhebliche Unterschiede im Plastifizierverhalten zwischen den beiden „identischen" Stabilisatoren (Tabelle 3).

**Tabelle 3:** Plastifizierverhalten zweier „identischer" Stabilisatoren

| | XYZ-X | SMS-XYZ-X |
|---|---|---|
| **Brabender-Kneter mit 32g-Kammer** | | |
| Plastifizierzeit in min | 2,5 – 3 | 4,0 – 5,0 |
| max. Drehmoment in N × m | 400 | 400 |
| **DS-Extrusiometer mit 20 U/min** | | |
| Massedruck P1 in PSI* | 2020 | 1760 |
| Massedruck P2 in PSI* | 3665 | 3530 |
| Massedruck P3 in PSI* | 1890 | 1810 |
| Drehmoment in N × m | 1080 | 959 |

*) PSI = pounds per square-inch

Auf Rückfrage beim Stabilisatoren-Hersteller erfuhr man, dass XYZ-X in wässriger Lösung hergestellt, durch Fällung isoliert und anschließend getrocknet und gemahlen wurde. SMS-XYZ-X wurde durch Reaktion in der Schmelze hergestellt und auf Kühlwalzen verschuppt. Die Metall-Gehalte der Stabilisatoren, die verwendeten Fettsäuren, die Costabilisatoren und die Antioxidantien waren identisch. Nicht identisch war das Verarbeitungsverhalten dieser beiden „gleichen“ Stabilisatoren, da das Produkt aus der Schmelze offensichtlich noch reichlich freie Fettsäuren enthielt, welche die äußere Gleitwirkung des Stabilisators deutlich erhöhten. Das gefällte Produkt dagegen war frei von nicht umgesetzter Fettsäure.

Außerdem stellte man im Verlauf der gründlichen Untersuchung dieser Erscheinung fest, dass die verschiedenen Lieferpartien des SMS-Stabilisators auch unterschiedliche Mengen nicht umgesetzter, freier Fettsäure enthielten. Diese überschüssige Fettsäure lagerte sich mit der Zeit zunehmend im Extruder auf den Schnecken und Zylinderwänden und in den Werkzeugen ab. Infolgedessen verzögerte sich die Plastifizierung mit der Zeit mehr und mehr, ein einwandfreies Profil war mit diesen Stabilisatorchargen nicht mehr herstellbar.

## 3.2 Gleitmittel

Für die thermoplastische Verarbeitung von PVC-Formmassen sind Gleitmittel (GM) unbedingt notwendig. Einerseits sollen sie das Ankleben der PVC-Schmelze an den heißen Metallteilen der Verarbeitungsmaschinen verhindern und einen problemlosen Schmelzefluss im Werkzeug sicherstellen, andererseits sollen die Gleitmittel auch eine optimale Plastifizierung des PVC-Rohstoffes während der Verarbeitung gewährleisten. Dadurch werden lokale Überhitzungen der PVC-Schmelze und ihre thermische Schädigung vermieden. Bekanntlich ist das einzelne für uns mit unbewaffnetem Auge sichtbare PVC-Korn aus einzelnen Partikeln aufgebaut. Was wir sehen ist das „Sekundärkorn“, es ist ein Agglomerat aus „Primärkörnern“ (Globulen), welche wiederum aus den „Noduln“ aufgebaut sind. Bei der Verarbeitung zerfallen Sekundär- und Primärkörner in die Noduln, welche je nach Verarbeitungsgrad und -typ geliert werden. Bei diesem Vorgang spielen die Gleitmittel eine hervorragende Rolle. Man unterscheidet die Gleitmittel sowohl hinsichtlich ihrer chemischen Herkunft als auch im Hinblick auf ihre Wirkung. Eine Voraussetzung müssen alle Gleitmittel erfüllen, sie müssen

- bei der PVC-Verarbeitung stabil
- ohne Eigenfarbe im PVC verteilbar

- ohne negativen Einfluss auf die Gebrauchseigenschaften
- im PVC hervorragend dispergierbar ohne späteres Ausschwitzen

sein.

Als „äußere" Gleitmittel wirken die Stoffe, die mit PVC – zumindest in der Wärme – unverträglich oder nur wenig verträglich sind und daher einen dünnen Film zwischen der PVC-Schmelze und dem heißen Metall der Verarbeitungsmaschine bilden. Sie haben nur geringen Einfluss auf die Wärmeformbeständigkeit der Formmasse; typisches Beispiel dafür ist die Stearinsäure (z. B. Loxiol® G 20).

„Innere" Gleitmittel sind mit PVC sehr gut verträglich, ähnlich wie die Weichmacher. Sie fördern die Plastifizierung des PVC-Rohstoffes, senken meist die Schmelzeviskosität und die Wärmeformbeständigkeit der Formmasse und verbessern die Homogenisierung der Schmelze. Ein typisches Beispiel dafür sind die Phthalsäureester (z. B. Loxiol® G 60). Zwischen diesen beiden Extremen bewegen sich alle anderen Gleitmittel hinsichtlich ihrer Wirkung, wobei die einzelnen Gleitmitteltypen (Ester, Wachse, Kohlenwasserstoffe, Metall-Salze etc.) bestimmte Eigenheiten haben. Daher ist nur eine sehr grobe Unterteilung der Gleitmittel in einzelne Gruppen möglich, denn jedes Gleitmittel hat eine bestimmte Funktion in dem „Konzert" der Stabilisatoren und der anderen Gleitmittel, in Abhängigkeit von deren und der eigenen Konzentration (Tabelle 4).

**Tabelle 4:** Beispiele für Gleitmittel

| Chemische Herkunft | Gleitwirkung überwiegend |
|---|---|
| Paraffinwachs | außen |
| PP-Wachs | außen |
| PE-Wachs | außen |
| Stearinsäure | außen |
| Pb-Stearat, neutral | außen |
| Ca-Stearat | außen/innen |
| Fettsäureester | außen/innen |
| Oxidiertes PE-Wachs | außen/innen |
| Fettsäureester | außen/innen |
| Glyzerinpartialester | innen |
| Fettalkohol | innen |
| Phthalsäureester | innen |

Es wäre zu einfach, den Einfluss der Gleitmittel auf Plastifizierung, Schmelzeviskosität, -homogenität, Wärmeformbeständigkeit und Glanz zu beschränken. Schmelzeviskosität, -temperatur und Wandgleiten im Werkzeug beeinflussen ganz wesentlich das Aufquellverhalten (die-swell) der PVC-Schmelze nach dem Verlassen der Düse und damit die Endmaße des im Kaliber gekühlten und auskalibrierten Extrudates. Je nachdem, ob die Schmelze z. B. bei der Profilextrusion im Düsenkanal für einen Zapfen, eine Wand oder um eine Nut am Profil voraus- oder nacheilt und wie stark dieser Schmelzeteil bei Verlassen der Düse vor Eintritt ins Kaliber aufquillt, wird dieser Sektor mehr oder weniger „dick" ausfallen und die Endmaße des Profils mitbestimmen. Damit wird jedoch auch die notwendige Abzugskraft, die benötigt wird, um das Profil durch die Kalibrierblöcke zu ziehen, deutlich beeinflusst. Die Abzugskraft wiederum beeinflusst ganz wesentlich den Schrumpf des abgekühlten Profils. Bei Fensterhauptprofilen darf der Schrumpf nicht größer als 2 % sein. Jede Änderung an der Gleitmittelabstimmung zieht daher einen „Rattenschwanz" von Konsequenzen nach sich, der bei Eingriffen ins Verarbeitungsrezept berücksichtigt werden muss. Anhand eines einfachen Beispiels kann das „sowohl-als-auch-Verhalten" von Gleitmitteln im Zusammenhang mit Stabilisatoren und anderen Gleitmitteln erläutert werden.

Bei einem Hersteller von PVC-Fensterprofilen sollte anhand eines Extrusionsversuchs unter Praxisbedingungen die Verwendbarkeit eines bestimmten gepfropften PVC in der Produktion des Verarbeiters ohne wesentliche Rezeptänderung geprüft werden (Tabelle 5).

**Tabelle 5:** Beispiel einer Prüfung der Verwendbarkeit eines gepfropften PVC

| | Rezepte | | | |
|---|---|---|---|---|
| **in Tln** | **Basis** | **Variante 1** | **Variante 2** | **Variante 3** |
| Vinidur® SZ 6415 | 2550 | 50 | 50 | 50 |
| Vinoflex® S6815 | 50 | 50 | 50 | 50 |
| Pb-Phosphit | 3,5 | 3,5 | 3,5 | 3,5 |
| Neutrales Pb-Stearat | 0,3 | 0,3 | 0,3 | 0,3 |
| Basisches Pb-Stearat | 0,7 | 0,7 | 0,7 | 0,2 |
| Stearylstearat | 0,4 | 0,4 | 0,4 | 0,4 |
| Phthalsäureester | 0,4 | 0,7 | 1,0 | 0,4 |
| Feine Kreide | 4 | 4 | 4 | 4 |
| Titandioxid | 4 | 4 | 4 | 4 |

Das Basisrezept war im Prinzip in Ordnung, die Profilgeometrie, die Farbe und die mechanischen Werte entsprachen den Anforderungen.

Im Extruder plastifizierte das Dry-Blend allerdings relativ spät, so dass in den Entgasungsdom geringe Mengen an Pulver gesaugt wurden. Dieses führte nach Stunden zu Stippen auf den Profiloberflächen, da das abgesaugte Pulver im Entgasungsdom verbrannte und dann auf die Schnecken zurückfiel. Zur Beschleunigung der Plastifizierung wurde in der Variante 1 der Anteil an innerem Gleitmittel erhöht (Phthalsäureester von 0,4 auf 0,7 phr), eine Reduktion der äußeren Gleitmittel (z. B. neutrales Pb-Stearat) kam nicht in Frage, da sich dabei die sehr helle Farbe des Profils nachteilig verändert hätte.

Das Ergebnis war im Hinblick auf die Plastifizierung keineswegs befriedigend, daher wurde in Variante 2 der Phthalsäureesteranteil nochmals erhöht. Überraschenderweise verzögerte diese Maßnahme die Plastifizierung noch mehr, das Profil hatte deutliche Schlieren – ein Hinweis auf zuviel äußeres Gleitmittel – und die Profilgeometrie war total verändert.

Was war geschehen? Das basische Pb-Stearat, ein Stabilisator mit guter Verträglichkeit und überwiegend innerer Gleitwirkung, war durch den hohen Anteil des noch stärkeren inneren Gleitmittels „Phthalsäureester“ in seiner Funktion verändert worden. Es wirkte in diesem „Konzert“ wie ein stark äußerliches Gleitmittel. Erst durch drastische Reduktion des basischen Pb-Stearates (Variante 3) verschob sich die Plastifizierung in den angestrebten Bereich und das Profil war in jeder Hinsicht einwandfrei. Der aufmerksame Leser fragt sich jetzt zu Recht, warum nicht einfach das äußere Gleitmittel, z. B. das neutrale Pb-Stearat im Rezept reduziert wurde. In einem Pb-stabilisierten Rezept beeinflusst der Gehalt an neutralem Pb-Stearat auch die Helligkeit des Profils und er darf daher auf keinen Fall verändert werden, wenn der Farbton beibehalten werden soll.

Bei dieser Aufgabe hätte die Plastifizierung auch durch Zugabe von etwa 1,0 phr einer polymeren Fließhilfe (z. B. Vinuran® 3833) beschleunigt werden können. Diese Maßnahme hätte die Rezeptkosten um ca. 0,03 €/kg erhöht. Das wäre nicht im Sinne des Profilherstellers gewesen. Außerdem hätte die Plastifizierhilfe das Aufquellverhalten verstärkt und damit den Schrumpf der Profile möglicherweise unzulässig erhöht.

An diesem Beispiel zeigt sich das komplexe Wechselspiel zwischen einerseits Gleitmitteln und Stabilisatoren mit Gleitwirkung und andererseits den zweifelsfrei berechtigten kaufmännischen Interessen der PVC-Verarbeiter. Die Erkenntnis, dass eine erfolgreiche Rezeptkorrektur auch durch „Weglassen“ durchgeführt werden kann, ist für den Anwender nicht nur in diesem Falle bedeutend gewesen.

An folgendem Beispiel soll demonstriert werden, wie durch sensible Abstimmung der Gleitmittel in einem seit Jahren bewährten Verarbeitungsrezept die Verarbeitungsbreite deutlich verbessert werden konnte.

Ein PVC-Profilhersteller, der seit Jahren mit einem bewährten Rezept Fensterprofile extrudierte, erweiterte seine Produktionskapazität, indem er leistungsfähigere Extruder und ein neues Werkzeugsystem beschaffte. Beim Werkzeughersteller waren sowohl die Extruderschnecken als auch die Werkzeuge mit dem bewährten Compound geprüft und für gut befunden worden. Nachdem der erste Extruder beim Kunden in der Produktion lief, stellte man fest, dass ein erheblicher Glanzunterschied zwischen den auf den alten und den auf neuen Anlagen hergestellten Profilen bestand. Der Kunde trat nunmehr mit dem Wunsch an den Compoundlieferanten heran, das Verarbeitungsrezept so zu ändern, dass es mit beiden Werkzeug- und Maschinenkonzeptionen optimal und mit gleichem Glanz zu verarbeiten war (Tabelle 6).

**Tabelle 6:** Konzeptionen der Extrusionsanlagen

| Extrudertyp | kg/h | Zylinder/Schnecken | Düse/Fließwege | Kalibrierung |
|---|---|---|---|---|
| KMD 60 KK | 130 | konisch | kurz | trocken |
| Weber DS 10 P | 250 | zylindrisch | lang | trocken/nass |

Die Erfahrung hat gezeigt, dass konische Extruder und kurze Wege im Werkzeug weniger Gleitmittel benötigen bzw. verbrauchen als zylindrische Extruder und lange Fließkanäle im Werkzeug; außerdem liefert die Trocken/Nass-Kalibrierung weniger Glanz auf den Profiloberflächen als die reine Trockenkalibrierung.

Es galt daher, den Gleitmittelhaushalt im Rezept so zu verändern, dass einerseits die Gleitmittel-Menge für eine gute Verarbeitung im zylindrischen Doppelschneckenextruder ausreicht und andererseits das Rezept für die konischen Doppelschnecken nicht „überschmiert“ war. Zuviel Gleitmittel führt in aller Regel zu schlierigen Oberflächen, Plate-out (s. u.) und schlechteren mechanischen Eigenschaften der Profile. Das Verarbeitungsrezept war – wie in Tabelle 7 aufgebaut – und es wurde nach Versuchen im Labor und beim Kunden in mehreren Schritten schließlich erfolgreich angepasst.

Im Produktionsmaßstab durchgeführte Versuche ergaben auf beiden Anlagentypen verkaufsfähige Profile mit korrekten Dimensionen, Gewichten, mechanischen Eigenschaften, gleichmäßigem Glanz, korrekter Farbe und problemlosen Verarbeitungseigenschaften.

**Tabelle 7:** Änderung des Verarbeitungsrezepts für Fensterprofile

| Bestandteile | Originalrezept | Adaption |
|---|---|---|
| Vinidur® | 100 | 100 |
| Fließhilfe | 1,5 | 1,5 |
| Füllstoff | 6 | 6 |
| Pigment | 4 | 4 |
| Pb-Phosphit | 1,5 | 1,5 |
| Ba-Cd-Laurat | 1,25 | 1,25 |
| neutrales Pb-Stearat | 0,25 | 0,4 |
| Ca-Stearat | 0,2 | 0,2 |
| Luwax® OA 2 | 0,2 | 0,2 |
| Loxiol® G 60 | 1,0 | 1,0 |
| Loxiol® G 21 | 0,15 | 0,15 |
| Luwax® A | 0,1 | 0,25 |

In diesem Falle konnte das Problem nur durch mehr Gleitmittel gelöst werden, wobei die Auswahl der Gleitmitteltypen und ihrer Menge letztlich für den Erfolg entscheidend war. Warum ausgerechnet die Anhebung des neutralen Pb-Stearats und des niedermolekularen PE-Wachses zum Erfolg führten, lässt sich selbst im Nachhinein nicht „wissenschaftlich" erklären. Es ist lediglich eine Frage der Erfahrung, wie viel Zeit und Versuchschritte man benötigt, um den richtigen Weg zu finden. Im Rahmen der Versuche wurde auch die Erkenntnis gewonnen, dass die Verwendung von Luwax® OA 2 (oxidiertes PE-Wachs) im Fensterverarbeitungsrezept auf maximal 0,2 phr begrenzt werden sollte, da sonst der Oberflächenglanz stumpfer wird und die Profilfarbe nach gelb tendiert. Man erkennt daran aber auch, dass nicht jede Erhöhung an innerem Gleitmittel die im Rezept vorhandenen äußeren Gleitmittel in ihrer Wirkung verstärkt. Es ist vielmehr so, dass manche oxidierte PE-Wachse inneres Gleitmittel „verbrauchen".

Durch die Änderungen an den Stabilisierungen werden sich zukünftig auch die Gleitmittelzusammensetzungen in den Rezepten ändern, zumal die Anforderungen seitens der Verarbeiter im Hinblick auf Maschinendurchsatz und Produktionssicherheit weiter steigen werden. Es werden daher vermutlich auch ganz neue Gleitmittel angeboten werden, wie z. B. bei den PE-Wachsen die Metallocenprodukte.

## 3.3 Weichmacher

Weichmacher sind Substanzen, die sowohl das Verarbeitungsverhalten als auch die Eigenschaften von PVC erheblich beeinflussen können.

Die ersten Produkte aus PVC waren weichmacherhaltig, weil man bis dahin gar nicht in der Lage war, PVC-Produkte ohne Weichmacher zu verarbeiten, denn man verfügte zu Beginn der PVC-Verarbeitung noch nicht über genügend leistungsfähige Stabilisatoren, die auch eine PVC-U-Verarbeitung bei den dafür notwendigen hohen Temperaturen zugelassen hätten.

Weichmacher

- senken die Verarbeitungstemperatur,
- verringern die Schmelzviskosität,
- verbessern die Plastifizierung und Dispergierung von Additiven,
- reduzieren die Klebeneigung an den heißen Metalloberflächen.

Weiterhin machen sie das PVC richtig weich, sie

- verbessern die Flexibilität,
- verbessern die Schlagzähigkeit und Biegefestigkeit auch bei niedrigen Temperaturen,
- verbessern die Dehnfähigkeit,
- verbessern die Haftfähigkeit,
- verbessern den Oberflächeglanz,
- verringern die Härte,
- verringern den E- und Schubmodul,
- verringern die Glasübergangstemperatur,
- verringern die Zugfestigkeit.

Für die Praxis ist die „äußere“ Weichmachung die wichtigere. Sie bedeutet, dass die Eigenschaften des an sich harten PVC durch Hinzufügen von weichmachenden Stoffen beim Compoundieren und Plastifizieren erheblich verändert werden.

Bei der „inneren“ Weichmachung wird das PVC bereits bei seiner Herstellung mit weichmachenden Monomeren copolymerisiert. Dafür verwendet man monomere Acrylate, Acetate und Stearate. Für die Praxis ist diese Art der Weichmachung jedoch zweitrangig.

Bei den Weichmachern für die äußere Weichmachung unterscheidet man, je nach ihrer Verträglichkeit mit PVC, zwischen

- Primärweichmachern und
- Extenderweichmachern.

Als Weichmacher werden sehr unterschiedliche chemische Substanzen verwendet:

- Ester der Phthalsäure (der wichtigste Vertreter ist DOP),
- aliphatische Dicarbonsäureester (z. B. der Adipin-, Sebacin-, Azelainsäure),
- epoxidierte native Öle (z. B. Sojabohnenöl),
- Phosphorsäureester,
- Polyester,
- aliphatische Kohlenwasserstoffe,
- chlorierte aliphatische Kohlenwasserstoffe,
- Spezialweichmacher.

Bei den epoxidierten Ölen kommt zu der weichmachenden Wirkung eine Verbesserung der Hitze- und Witterungsstabilität hinzu. Phosphorsäureester, ihre chlorierten Varianten und Chlorkohlenwasserstoffe verbessern das Brandverhalten von PVC-P. Polyesterweichmacher sind sehr beständig gegen Migration, aber manche verringern die Kältefestigkeit; andere, wie Nitrilkautschuk, Ethylenvinylacetate, Polyurethane und chlorierte Polyethylene verbessern die Kältefestigkeit. Spezialweichmacher sind solche organischen Ester, die für ganz bestimmte Anforderungen „maßgeschneidert" wurden und wegen ihrer hohen Kosten auch nur wenig zur Verwendung kommen. Dazu gehören auch die reaktiven Weichmacher, die bei der PVC-Verarbeitung in der letzten Stufe polymerisieren und damit dem PCV-P ganz spezielle Eigenschaften geben.

Die Auswahl der Weichmacher hat gemäß den Anforderungen an die Endprodukte sehr sorgfältig zu erfolgen, wobei die Volumenkostenrechnung immer mit im Vordergrund steht. Die mechanisch-technischen Eigenschaften und bei speziellen Anforderungen die besonderen Eigenschaften der Anwendungen spielen eine bedeutende Rolle. Das sind z. B. die

- Beständigkeit gegen Öl, Treibstoffe, Wasser, Säuren, Lebensmittelinhaltsstoffe, Bakterien, Licht sowie Wetter- und Alterungsbeständigkeit;
- Geliergeschwindigkeit, Migrationsbeständigkeit, Flüchtigkeit, Brandverhalten;
- elektrischen Eigenschaften und Schweißverhalten;
- optischen Eigenschaften;
- toxikologische Unbedenklichkeit.

Die Funktion der Weichmacher im PVC beruht mikroskopisch betrachtet darauf, dass sich die Weichmachermoleküle bei der Verarbeitung zwischen die PVC-Moleküle schieben und somit die intermolekularen Kräfte unter den PVC-Molekülen verringern. Dabei wird das PVC auch teilweise im Weichmacher gelöst (solvatisiert) und bildet quasi ein Gel, welches ebenfalls zur Weichmachung beiträgt. Zu der Gesamtfunktion der PVC-Weichmachung gibt es einige Theorien, die bei Bedarf in der entsprechenden Fachliteratur nachgelesen werden können. Hier soll noch darauf hingewiesen werden, dass der Effekt der Weichmachung im PVC in der Regel erst bei Weichmachermengen über 10 % auftritt. PVC, welches weniger als 10 % Weichmacher enthält, kann zwar ähnlich wie PVC-P verarbeitet werden, das Endprodukt ist jedoch nicht weich, sondern spröde. Auch wenn Weichmacher in PVC-U-Produkte eindiffundieren, wird das PVC spröde; darauf ist bei allen Kontakten von PVC-U zu PVC-P zu achten.

## 3.4 Polymere Modifiziermittel (Modifier)

### 3.4.1 Impactmodifier

PVC ist an sich schon ein zäher Werkstoff, dennoch wird für bestimmte Anwendungen besonders bei niedrigen Temperaturen eine noch höhere Zähigkeit verlangt. Für die Schlagzähmodifizierung bieten sich grundsätzlich zwei Möglichkeiten an.

Bei schlagzäh modifiziertem S-PVC wie z. B. Vestolit® Bau wird während der Polymerisation des PVC-Rohstoffes in wässriger Suspension die Schlagzähkomponente in das PVC mit einpolymerisiert. Dadurch wird sichergestellt, dass quasi in jedem PVC-Korn auch eine definierte Menge Schlagzähkomponente eingebunden ist und diese damit im PVC-Rohstoff gleichmäßig verteilt vorliegt. Durch diese Pfropfpolymerisation wird außerdem sichergestellt, dass das Elastomer chemisch fest mit dem PVC verbunden ist. Beim Transport, beim Mischen, bei der Extrusion und im Endprodukt bleiben die Elastomerpartikel mit dem PVC stets fest verbunden; Entmischungen und lokale An- bzw. Abreicherungen sind nicht vorstellbar.

Etwas anders sehen die Verhältnisse bei den Abmischungen von S-PVC mit einem Schlagzähmodifier aus. Zu Beginn des Mischprozesses wird der Modifier in der vorgesehenen Konzentration – meist zwischen 6 und 10 % – zusammen mit den anderen Hilfsstoffen dem PVC-Rohstoff hinzugefügt. Während des Heißmischens (s. Kap. 4) soll er sich dann so gleichmäßig im PVC zusammen mit den anderen Hilfsstoffen verteilen, so dass es beim Abkühlen im Kühlmischer und beim späteren Transport zu keinerlei Entmischung kommt. Das gelingt auch in den meisten Fällen, aber nicht immer! Stabilisatoren, Gleitmittel, Pigmente und Füllstoffe werden, wenn sie nicht in das PVC-Korn eindiffundieren, auf das PVC-Korn quasi aufgeklebt. Die so genannten Sekundärteilchen des Schlagzähmodifiers liegen im Bereich der Korngrößenverteilung von PVC. Seine Dichte ist jedoch deutlich geringer. Die beiden Polymeren liegen in der Mischung nebeneinander vor. Beim späteren mechanischen oder pneumatischen Transport der Mischung kann es daher zu lokalen Separationen der beiden unterschiedlichen Polymeren kommen. Die Folgen solcher „Entmischungen" (im weitesten Sinne zu verstehen) sind, da sich in der Verarbeitungsmaschine (Plastifikator, Extruder, Kalander) die aktuelle Modifierkonzentration auch direkt auf das Verarbeitungsverhalten auswirkt, erwartungsgemäß unerwünschte Schwankungen in der Halbzeugqualität z. B. bei der Zähigkeit und außerdem in der Geometrie, im Maschinendurchsatz, im Oberflächenglanz, im Schweißverhalten, in der Witterungsstabilität etc. Es gibt viele PVC-Verarbeiter, die diese möglichen Schwierigkeiten durch geeignete Maßnahmen (Granulieren, kurze Förderwege, Containerbeschickung etc.) sicher umgehen.

Die Modifier für die schlagzähe Modifizierung – sie werden in wässriger Emulsion oder Suspension polymerisiert – haben einen weichen Elastomerkern. Die optimale Teilchengröße dieses Kerns liegt je nach Vernetzungsgrad des Elastomeren zwischen 0,05 und 0,2 µm. In der Regel ist das ein polymeres, mehr oder weniger stark vernetztes BA (Butylacrylat), ABS (Acrylnitril-Butadien-Styrol) oder MBS (Methylacrylat-Butadien-Styrol). Modifier haben weiterhin eine Schale, die hauptsächlich aus MMA (Methylmethacrylat) auf den Elastomerkern aufpolymerisiert wurde. Das Verhältnis Kern/Schale beträgt zwischen 70/30 bis 85/15 Teile. Diese Schale gestattet das „Handling" der weichen und klebrigen Elastomerpartikel und sie stellt außerdem eine gute Verbindung zur PVC-Matrix her, denn PMMA ist mit PVC in jedem Verhältnis mischbar, d. h. verträglich. Je weicher der Elastomerkern (= aktive Elastomerkomponente) und je höher sein Anteil am Gesamtmodifier ist, desto wirksamer ist er im PVC, wenn man stets gleich gute Dispergierbarkeit unterstellt. Daher sind bei Auswahl eines Modifiers die Art und Menge des Elastomerkerns und die Dispergierbarkeit, neben seinem Preis, für die Entscheidung mit heranzuziehen. Elastomerkern plus Schale nennt man Primärteilchen. Bei der Aufarbeitung (= Trocknung) verklumpen diese Primärteilchen zu größeren Agglomeraten, den so genannten Sekundärteilchen. Je leichter bei der thermoplastischen Verarbeitung diese Sekundärteilchen im PVC dispergierbar sind, desto schneller und besser kann der Modifier seine volle Wirksamkeit entfalten.

Eine weitere Möglichkeit, das Problem der Entmischung zu entschärfen, besteht darin, ein Konzentrat aus mit S-PVC gepfropftem Elastomer zu verwenden. Dieses ist dann sowohl in der Korngrößenverteilung als auch in der Dichte dem PVC-Rohstoff ähnlicher als ein reiner Modifier. Zusätzlich zu diesem Vorteil kommt ein wesentlich geringeres Staubexplosionsrisiko (s. Kap. 9). Die minimale Zündenergie des Feinstaubs von einem solchen Konzentrat mit ca. 50 % Elastomeranteil liegt um eine Zehnerpotenz niedriger als die eines reinen Modifiers. Die Wirksamkeit eines solchen Konzentrates hängt von der Art und Menge des Elastomeranteils, von seiner Dispergierbarkeit und vom K-Wert des gepfropften PVC ab. Besteht die Pfropfhülle aus PVC mit sehr niedrigem K-Wert, z. B. 50, dann wirkt der Schlagzähmodifier gleichzeitig auch wie eine Plastifizierhilfe (s. Abschn. 3.4.2).

Die früher gerne verwendeten Schlagzähmodifier EVAC (Ethylen-Vinylacetat-Copolymer) und CPE (chloriertes Polyethylen) haben an Bedeutung für die Ausrüstung von PVC-U verloren, da sie scherempfindlich sind und je nach den Verarbeitungsbedingungen (Temperatur, Scherung, Druck) ihre Wirkung mehr oder weniger entwickeln können. Es sollte aber erwähnt werden, dass CPE heute in einigen Fensterprofilrezepten zur Verbesserung des Oberflächenglanzes und der Eckenschlagfestigkeit quasi als polymeres Gleitmittel mit positivem Effekt auf die Zähigkeit verwendet wird. Aber Vorsicht ist geboten beim Umgang mit CPE in Pb-stabilisierten Rezepten. Die Zugabe von CPE kann hier zu dramatischem „Plate-out“ führen.

Im Zweifelsfalle würden heute die meisten Verarbeiter – sofern es sich für die Profilproduktion kostenneutral bewerkstelligen ließe – lieber mit gepfropften PVC arbeiten. Die Verwendung von staubenden Modifiern ist, sofern nicht geeignete, kostspielige Schutzvorkehrungen getroffen werden, immer mit dem Risiko einer Staubexplosion (s. Kap. 9) verbunden und die Materialwirtschaft ist mit einem Produkt einfacher zu steuern als mit zwei oder gar drei.

### 3.4.2 Fließhilfen (Flow Modifier)

Die mechanischen Eigenschaften von Formmassen aus PVC brauchen normalerweise nicht durch Zugabe von Modifiern verbessert werden, wenn man einmal von einigen technischen Profilen und Rohren, die hochschlagzäh sein müssen, absieht. Es erweist sich jedoch oftmals als zweckmäßig, das Verarbeitungsverhalten des PVC-Dryblend (DB) im Hinblick auf die Plastifiziergeschwindigkeit, die Homogenität der Schmelze, die Dehnbarkeit der Schmelze und den Oberflächenglanz der Produkte vor dem Hintergrund des ständig zunehmenden Maschinendurchsatzes zu verbessern.

Dafür werden Fließhilfen (Flow-Modifier, Processing Aids), z. B. auf Basis von PMMA, im PVC-Rezept verwendet. In den Maschinen für die thermoplastische Verarbeitung von PVC wird der Kunststoff plastifiziert und geschmolzen, indem mechanische Energie über die Schnecken oder Knetvorrichtungen durch Reibung der PVC-Partikel zwischen den Knetelementen und Zylinderwänden in den Kunststoff eingetragen wird. Ein weitaus geringerer Teil der Energie wird durch Wärmeübertragung von den heißen Maschinenteilen in den Kunststoff eingebracht. Dieser Plastifiziervorgang erfordert eine hohe Reibung zwischen den Kunststoffteilchen und zwischen Kunststoff und Metallteilen. Bei den so genannten wandhaftenden Kunststoffen ist das kein Problem. PVC, insbesondere PVC-Dryblend ist jedoch wandgleitend. PMMA dagegen ist ein typischer Vertreter der wandhaftenden Kunststoffe. Die Funktion der Processing Aids liegt daher zunächst in einer Beschleunigung der Plastifizierung aufgrund der Erhöhung der Klebeneigung der mit PMMA benetzten PVC-Partikeln an den Metallteilen des Extruders. Gleichzeitig wird die Viskosität der Schmelze erhöht und ihre Homogenität verbessert. Die Funktion der Plastifizierhilfen ist vielschichtig zu sehen. Am Beispiel von Vinuran® 3833 wird versucht, ihre Wirkung in einzelnen Schritten zu erläutern. Vinuran® 3833 ist ein im Wesentlichen aus PMMA aufgebautes hochmolekulares Emulsions-Polymerisat (E-). PMMA ist in PVC in jedem Mengenverhältnis molekular verteilbar, beeinträchtigt die Transparenz nicht, aber es erhöht die Viskosität der Schmelze.

Beim Trocknen des Polymeren kann die Korngröße des Modifiers so eingestellt werden, dass sie im Bereich der Korngrößenverteilung von S-PVC liegt. In der Regel wird das getrocknete PMMA-Polymerisat dem PVC beim Mischprozess zugefügt. Beim Mischen sollte der Modifier durch seine „Eigenklebrigkeit" oder mit Hilfe von Gleitmitteln mit dem PVC-Korn verklebt werden, so dass es zu keiner Entmischung mehr kommen kann.

Bei der Verarbeitung im Extruder wird der Modifier in den ersten Gängen der heißen Schnecken und zwischen den Schneckenstegen und der Zylinderwand aufgrund seiner „Klebrigkeit" die Plastifizierung des Dryblend besonders schnell einleiten. In dem jetzt entstehenden Agglomerat erhöht der Modifier die „innere Reibung" (Friktion) und begünstigt somit die Bildung einer homogenen PVC-Schmelze. Die erhöhte Schmelzviskosität des Modifiers, bedingt durch das hohe Molekulargewicht ($Mw = 1{,}5 \times 10^5 - 2{,}5 \times 10^5$) und die dadurch auch verbesserte Dehnfähigkeit der modifizierten Schmelze erlauben eine bessere Ausfüllung der Kanäle bei der Extrusion in der Düse, weil die PVC-Schmelze jetzt mehr zur Pfropfenströmung mit nunmehr ausgeprägtem Wandgleiten tendiert. PVC gehört zur Gruppe der wandgleitenden Kunststoffe und das in der homogenisierten Schmelze molekular verteilte PMMA beeinträchtigt das Wandgleiten beim Einlauf der Schmelze in den Düsenbereich nicht mehr. Diese Schmelze bildet in der Düse eine glatte, geschlossene Oberfläche mit hohem Glanz. Die Unterschiede der auf dem Markt erhältlichen Fließhilfen liegen in dem verwendeten Herstellungsverfahren (E- oder S-Polymerisat), in der verwendeten Monomermischung, in ihrem Molekulargewicht und natürlich in ihrem Preis/Leistungsverhältnis.

Wo Licht ist, da ist auch Schatten. Durch die Friktions- und Viskositätserhöhung steigen die Antriebskräfte in der Maschine, wodurch der Verschleiß an Schnecken, Knetelementen, Zylindern und im Getriebe erhöht wird. Außerdem vergrößert die erhöhte Schmelzeviskosität das Aufquellverhalten. Infolge des zunehmenden Aufquellens wird z. B. ein Profil beim Durchziehen durch das Kaliber im plastischen bis thermoelastischen Zustand stärker gereckt und/oder es kommt zu dem als „slip-stick-Effekt" bekannten Rattern des Profils im Kaliber. Die dadurch eingebrachte Orientierung wirkt sich später unter Umständen als unerwünscht hoher Schrumpf aus.

Will man eine schnelle Plastifizierung ohne die anderen Nachteile, dann bietet sich die Verwendung eines besonderen Modifiers an.

Vinuran® DS 2383, ursprünglich als Schlagzähmodifier für transparente, witterungsbeständige Teile entwickelt, entfaltet neben seiner Schlagzähwirkung auch eine beachtliche Beschleunigung der Plastifizierung bei gleichzeitiger Absenkung der Schmelzeviskosität. Die Absenkung der Schmelzeviskosität stände normalerweise in Funktion zur Größe der einzelnen Elastomerpartikeln dieses Modifiers. Die einzelnen Elastomerteilchen von Vinuran® DS 2383 sind jedoch aus Gründen der erwünschten Transparenz relativ klein, sie müssten daher die Viskosität der Schmelze eher anheben. Offenbar übt in diesem speziellen Fall die Länge der PMMA-Moleküle in der Pfropfhülle, die sich partiell mit der PVC-Matrix mischen, einen entscheidenden Einfluss auf die Gesamtviskosität der Schmelze aus. Hiermit hat man das geeignete Instrument zur Beschleunigung der Plastifizierung ohne Viskositätserhöhung und damit ohne Erhöhung des die-swells.

Von diesem Phänomen wird bei PVC-Spritzgussformmassen gerne Gebrauch gemacht. In der Extrusion ist die Verwendung von Vinuran® DS 2383 sinnvoll, wenn der Extruder bereits am oberen Ende seines Leistungsbereiches arbeitet, die Plastifizierung aber dennoch beschleunigt werden soll.

Die Kombination von Vinuran® 3833 mit DS 2383 führte in einem Fensterprofilrezept für einen Profilhersteller, um die Leistungsaufnahme am Extruder zu senken, zu einer im Hinblick auf die Viskosität völlig neutralen Verbesserung der Plastifizierung. Der Gewinn an zusätzlicher Schlagzähigkeit, bedingt durch den Anteil Vinuran® DS 2383, wurde durch die zusätzliche Verwendung von S-PVC im Rezept kompensiert – somit konnte die Verwendung eines Teils der Fließhilfe rezeptkostenmäßig neutralisiert werden.

Die dem Verarbeitungsrezept zugesetzten Mengen an processing-aid liegen zwischen 0,8 und 1,5 phr (bezogen auf PVC). Mengen < 0,8 phr sind in ihrer Wirkung, gemessen am finanziellen Aufwand, zu gering; für Mengen > 1,5 phr ist der finanzielle Aufwand gemessen an der Wirkung zu hoch; daher hat sich der bisher genannte Konzentrationsbereich bei den Fließhilfen eingespielt.

Hochtransparente PVC-Rezepte reagieren sehr empfindlich auf die Verwendung von äußerem Gleitmittel, da diese schnell zu unerwünschten Trübungen oder Schlieren führen können. Hier bietet sich die Verwendung eines polymeren Trennmittels, welches wie ein äußeres Gleitmittel wirkt, an. Das bekannteste Produkt für diesen Sektor ist Paraloid® K 175. Es ist im Wesentlichen auf Basis von MMA/BA polymerisiert worden und es verringert wegen seines BA-Anteils (reines BA ist mit PVC nur wenig verträglich) die Klebeneigung der PVC-Schmelze an den heißen Metallteilen der Verarbeitungsmaschinen.

Will man die Wärmeformbeständigkeit von PVC-U (VSTB 80 – 83 °C) erhöhen, verwendet man im Rezept zusätzlich andere Polymere. Diese müssen mit PVC

- in einem weiten Bereich mischbar sein,
- eine deutlich höhere Wärmeformbeständigkeit als PVC haben,
- mit den PVC-Additiven verträglich sein,
- im Verarbeitungsverhalten ähnlich dem PVC reagieren,
- die Verarbeitungstemperatur der Mischung schadlos überstehen,
- und im Preis-Leistungsverhältnis vertretbar sein.

Bewährt haben sich in dieser Hinsicht nachchloriertes PVC, einige ABS-Typen und SAN-Polymere. Alle haben jedoch den Nachteil, dass sie die PVC-Mischung je nach zugesetzter Menge verteuern.

Für die Extrusion von PVC-Hartschaum wurden bestimmte Acrylatpolymere entwickelt. Sie helfen bei der Hartschaumextrusion die PVC-Schaumstruktur bis zum Abkühlen der Schmelze zu stabilisieren, so dass der Schaum nicht zusammenfällt. Weil diese Modifier-Gruppe wenig bekannt ist, sollen hier einige Vertreter genannt werden, wie z. B. Vinuran® DS 2394, Paraloid® K 400 und Metablen® P 530.

Ein weiteres polymeres Verarbeitungshilfsmittel für PVC ist niedermolekulares PVC. In den 80er Jahren wurde bei den Rohstoffen für die Fensterprofilextrusion durch systematische Absenkung des K-Wertes das Plastifizierverhalten bei höheren Maschinendurchsätzen verbessert. Dieser Effekt lässt sich in gewissem Umfang auch erzielen, wenn man dem Basis-PVC eine bestimmte, geringe Menge eines PVC sehr niedrigen K-Wertes hinzufügt. Durch Ersatz von 7 phr des S-PVC-Anteils beim Basis-PVC (K-Wert 68) durch ein PVC mit K-Wert 50 wird die Plastifizierung deutlich beschleunigt. Natürlich findet hier eine Gratwanderung zwischen optimalem Verarbeitungsverhalten und noch ausreichenden mechanischen Eigenschaften statt. Durch Versuche in Labor und Technikum wurde ein akzeptabler Anteil zwischen 6 und 8 phr ermittelt. Ganz unproblematisch ist die Extrusion eines PVC-Werkstoffs mit einer solch breiten bimodalen Verteilung allerdings nie. Die Gefahr der Bildung von Stippen im Extrudat, hervorgerufen durch hochmolekulare schwer aufschließbare Partikel in der niedermolekularen Schmelze, ist relativ groß. Daher muss ein solches Vorgehen in jedem Fall gründlich geprüft werden. Denn es ist allgemein bekannt, dass bereits sehr geringe Mengen PVC (ppm-Bereich) mit hohem K-Wert im Gemisch mit PVC niedrigen K-Wertes garantiert zu Stippen bei der Verarbeitung führen.

## 3.5 Füllstoffe

Es hat sich im Laufe der Entwicklung der PVC-Formmassen als zweckmäßig erwiesen, in den nicht transparenten Rezepten Füllstoffe zu verwenden. Sie werden daher auch hin und wieder als Funktionsfüllstoffe bezeichnet. Die Füllstoffe haben dabei sehr unterschiedliche Funktionen. Einerseits regeln sie das Aufschließverhalten der Formmassen in den Verarbeitungsmaschinen, die Viskosität und Homogenität (→Verringerung des Plate-out) der PVC-Schmelze, die Schwindung, die Zähigkeit und den Glanz der Endprodukte, das Schweiß-, Brand- und Abriebverhalten, das magnetische Verhalten der Formmassen und die Viskosität der Organosole (Pasten). Auf der anderen Seite können sie auch eingesetzt werden, um die Rezeptkosten zu senken. Das letztere sollte jedoch nicht überbewertet werden, da der niedrige Preis des Füllstoffs wegen seiner höheren Dichte (PVC = 1,4 g/ml; Kreide = 2,7 g/ml) und der begrenzten Einsatzmenge meist kaum „durchschlägt". Der Halbzeughersteller verkauft zwar seine Produkte nach Metern (= Volumen) und nicht nach Kilogramm, dennoch kann dieses Volumen nicht exorbitant und beliebig durch Verwendung von Kreide erhöht werden. Der Kreideanteil in der Rezeptur ist unter anderem wegen des Einflusses der Kreide auf die Rheologie der Schmelze und die Festigkeit der Fertigteile und deren Schweißverhalten begrenzt; so ist es z. B. nicht zweckmäßig, mehr als 10 phr Kreide im Fensterprofilrezept zu verwenden; im Rezept für Abflussrohre, Kabelkanäle und Dachrinnen kann man allerdings mit wesentlich höheren Füllstoffmengen (bis zu 50 %) arbeiten.

Die am häufigsten verwendeten Füllstoffe sind natürliche Calciumkarbonate. Sie sind metamorphe Sedimentgesteine aus der Jura- und Kreidezeit. Sie werden z. B. in Südfrankreich abgebaut, gemahlen gesichtet und gegebenenfalls gereinigt. Die Qualität des Karbonat-Füllstoffs wird durch die Herkunft der Kreide, ihre Reinheit und die Oberflächenbehandlung (Coating, meist Stearinsäure) bestimmt. Für besondere Anwendungen, z. B. PVC-Fensterprofile kommen nur sehr reine, fein ausgemahlene Kreidetypen in Frage, die durch geeignetes Coating einen lipophilen Charakter erhalten, was ihre Dispergierbarkeit im PVC deutlich verbessert. Die bekanntesten Vertreter dieser Gruppe sind „Omyalite® 95 T" und „Hydrocarb® 95".

Gefällte, synthetische Kreide ist kristallin und daher wesentlich feiner und reiner als die natürliche Kreide. Auch sie erhält ein Coating, um die Dispergierbarkeit im PVC zu verbessern. Aufgrund ihrer feineren Korngröße ist sie im Hinblick auf Verbesserung der Zähigkeit, besseren Oberflächenglanz, bessere Homogenität der Schmelze und vermindertes Plate-out der natürlichen Kreide überlegen. Die synthetische Kreide ist wesentlich teurer und sie beeinträchtigt die Rheologie der PVC-Schmelze wegen des feineren Korns (→ größere Oberfläche) wesentlich stärker als eine natürliche Kreide. Allerdings hat sie den Nachteil des schwierigeren Förderverhaltens und der eingeschränkten Silierfähigkeit. Die bekanntesten Vertreter aus der Gruppe der synthetischen Kreiden sind „Winnofil® S" (ICI) und „Socal®" (Solvay).

In PVC-Fensterprofilrezepten hat sich die Verwendung von gemahlener natürlicher Kreide mit hohem Weißgrad und lipophiler Oberfläche bewährt. Je nach Rezeptbasis und Verarbeitungsverfahren werden zwischen 3 und 10 phr Kreide im Rezept benötigt.

Hier noch einige Beispiele für in der PVC-Verarbeitung verwendete Füllstoffe:

- Aluminiumhydroxid zur Verbesserung des Brandverhaltens (Teppichrückenbeschichtungen),
- Kaolin zur Verbesserung der elektrischen Eigenschaften (Kabel),
- Ruß zur Verbesserung der elektrischen Leitfähigkeit und des Abriebverhaltens oder zur Verbesserung der Witterungsbeständigkeit (Bergbau, Kabelmäntel),
- natürliche und synthetische Kieselsäuren (Verringerung des Plate-out),
- Dolomite und Talkum (werden ähnlich Kreide verwendet),
- pyrogene Kieselsäure (Aerosil),
- Schwerspat.

Jeder Füllstofftyp verhält sich verarbeitungstechnisch je nach Art, Herkunft (natürlich oder synthetisch), Reinheit, Korngrößenverteilung und Coating anders. Ist ein Verarbeitungsrezept einmal auf einen bestimmten Füllstofftyp eingestellt worden, darf dieser ohne Gegensteuern über den Gleitmittelhaushalt nicht geändert werden, da es sonst zu erheblichen Abweichungen im Verarbeitungsverhalten (Plastifiziergeschwindigkeit, Viskosität, Wandgleitverhalten) und den Fertigteileigenschaften kommen kann.

## 3.6 Farbmittel, Pigmente und Farbstoffe

Die Vielseitigkeit bei der Anwendung von PVC verlangt eine ganze Palette von Pigmenten und Farbstoffen für die unterschiedlichsten Anwendungen. Man unterscheidet zunächst zwischen den im PVC löslichen Farbstoffen und den im PVC unlöslichen Pigmenten.

Die Wirkung der in PVC löslichen Farbstoffe beruht ausschließlich auf Absorption von Licht, sie sind transparent und dürfen nur in PVC-U eingesetzt werden, da sie aus PVC-P herauswandern (migrieren, ausbluten) würden. Es handelt sich dabei um synthetische Teerfarbstoffe, die in PVC in der Regel in nur sehr geringen Konzentrationen als Schönungsmittel oder optische Aufheller verwendet werden.

Die in PVC unlöslichen, kristallinen Pigmente sind sowohl organischer als auch anorganischer Herkunft. Ihre Wirkung beruht auf Lichtstreuung und Absorption. Ihre färbenden Eigenschaften hängen daher ganz wesentlich von ihrer Kristallgröße, -struktur und -form ab.

Die bedeutendste Gruppe der organischen Pigmente sind die Phthalocyanine; sie sind bis etwa 300 °C stabil, geben brillante Farben und sind auch in Aufhellungen mit Titandioxid sehr farbstabil.

Die anorganischen Pigmente sind die Oxide, auch Mischoxide, Chromate, Molybdate, Sulfide, Spinelle, Karbonate und Sulfate von Metallen. Das wichtigste aller Pigmente ist das weiße Titandioxid, da es u. a. die Basis für fast alle Farben darstellt. Das wichtigste Schwarzpigment ist Ruß.

So breit die Palette der Pigmente und Farbstoffe auch sein mag, eines haben sie alle gemeinsam:

- sie sind stabil bei den Verarbeitungstemperaturen von PVC,
- sie sind gut dispergierbar,
- sie haben ein hohes Deckvermögen,
- sie haben eine hohe Farbstärke,
- sie beeinträchtigen die Rheologie der Schmelze nur unwesentlich,
- sie sind stabil gegen die im PVC verwendeten Additive,
- sie sind unempfindlich gegen die bei Verarbeitung auftretende Scherung,
- sie sollen kein Plate-out auslösen,
- sie sind außerdem auch noch licht- und witterungsbeständig und können auch für Artikel in der Freibewitterung eingesetzt werden.

Was das bedeutet, soll im Folgenden beschrieben werden.

Ein bekanntes Zitat aus der PVC-Fensterprofilbranche lautet: „PVC-Fensterprofile kann man in jeder beliebigen Farbe herstellen, Hauptsache sie ist weiß!" Auf den ersten Blick mag dieses Zitat unsinnig erscheinen, es enthält jedoch die wesentliche Kernaussage zum Pigmentieren von witterungsbeständigen PVC-Teilen.

Natürlich kann man auch PVC-Profile in jeder beliebigen Farbe herstellen; extrusionstechnisch gibt es da überhaupt keine Probleme. Schwierigkeiten könnten aber relativ früh beim Gebrauch im Freien auftreten, wenn die farbigen PVC-Profile Bewitterung und UV Strahlung ausgesetzt werden.

Es ist allgemein bekannt, dass PVC, geeignete Stabilisierung und Verarbeitung vorausgesetzt, ein „witterungsbeständiger" Werkstoff ist; das ist auch der Grund fur den hohen Anteil des PVC an den Kunststoffwerkstoffen für das Bauwesen. Es hat sich im Laufe der jahrzehntelangen Beobachtung von PVC-Teilen in der Freibewitterung gezeigt, dass sich sehr hell oder weiß pigmentierte PVC-Teile praktisch nicht verändern, farbige PVC-Teile dagegen werden im Laufe der Jahre heller (s. Kapitel 7, „Bewitterungsverhalten). Eine Ausnahme bilden die mit einer ausreichenden Menge Ruß tiefschwarz eingefärbten PVC-Teile. Aufgrund der hervorragenden Schutzwirkung (UV-Filter) von Ruß gegen Einflüsse der Bewitterung bleiben so eingefärbte PVC-Teile über viele Jahre hinweg schwarz.

Ein weiteres Problem kann der thermische Längenausdehnungskoeffizient von PVC werden, er liegt zwischen 20 und 60 °C bei $7 \times 10^{-5}$/K und ist damit etwa zehnmal größer als z. B. der von Aluminium und hundertmal größer als der von Holz. Das lässt sich bautechnisch jedoch beherrschen, wenn diese Tatsache bei Herstellung und Einbau von Fenstern berücksichtigt wird. Je enger die Temperaturgrenzen sind, denen das Fenster ausgesetzt ist, desto besser ist seine Funktion gesichert.

An weißen PVC-Profilen wurden in Mitteleuropa Maximaltemperaturen von etwa 40 °C gemessen; an dunkel eingefärbten Profilen wurden unter ungünstigen Bedingungen (Stauwärme) allerdings auch Temperaturen von etwa 80 °C vorübergehend festgestellt. Hier befinden wir uns im Bereich der Wärmeformbeständigkeit von PVC. Unter diesen Bedingungen können die PVC-Profile möglicherweise relaxieren, Spannungen werden abgebaut und die Profile geben dem permanenten Druck, der z. B. von der heute üblichen Art der Fensterverglasung mit Druck auf die Dichtungen und Scheiben (Druckverglasung) ausgeht, nach. Die Profile können sich unter diesen Bedingungen deformieren, das Fenster wird unter Umständen sogar unbrauchbar. Um diesen Gefahren vorzubeugen, sind PVC-Fensterprofile überwiegend weiß. Sinnvolle Ausnahmen dazu werden in Kapitel 5.4 behandelt.

Das einzige Weißpigment, das für PVC-Fensterprofile verwendet wird, ist Titandioxid. Seine Photoaktivität wirkt sich aber negativ auf die Matrix aus, in die es eingebettet ist. Es gilt jedoch wegen seiner Deckkraft, des hohen Weißgrades, seiner Witterungsbeständigkeit und seiner leichten Dispergierbarkeit als das beste Weißpigment auf dem Kunststoffsektor.

Von den zwei Kristallmodifikationen des Titandioxids ist Rutil gegenüber Anatas wegen seiner geringeren photochemischen Aktivität und seiner thermodynamisch hohen Stabilität für Kunststoffeinfärbungen besser geeignet.

Die photochemische Aktivität des Rutils lässt sich glücklicherweise durch geeignete Oberflächenbehandlung deutlich zurückdrängen, so dass seine Oxidationstendenz in Richtung PVC auf ein Minimum reduziert werden konnte. Das prädestiniert ihn für den Einsatz in allen Kunststoffen. Rutil-$TiO_2$ wird sowohl nach dem Sulfatverfahren (Aufschluss von titanhaltigem Erz mit Schwefelsäure und Fällung durch Neutralisation) als auch im Chlorid-Prozess (Isolierung als reines $TiCl_4$ und anschließende Verbrennung zum $TiO_2$) gewonnen. Die photochemische Deaktivierung erfolgt durch Coating mit Kalium-Aluminium-Silikaten, die Dispergierbarkeit und Lipophilie werden durch Behandlung mit langkettigen Carbonsäuren verbessert. Das Stauben reduziert man durch Behandlung mit niedermolekularen Silanen. Im handelsüblichen Titandioxid für Fensterprofile sind daher nur noch etwa 92 % $TiO_2$ enthalten. Dieses Titanpigment ist dann allerdings hochstabil und für die Pigmentierung von PVC-Fertigteilen hervorragend geeignet.

In Mitteleuropa übliche $TiO_2$-Konzentrationen für PVC-Profile, die im Freien verwendet werden, liegen bei 3 bis 4 phr; für PVC-Profile in klimatisch heißeren Regionen mit höherer Sonneneinstrahlung werden $TiO_2$-Konzentrationen von bis zu 8 phr empfohlen.

Die für andere Einfärbungen am häufigsten verwendeten Pigmente sind in Tabelle 8 zusammengestellt.

**Tabelle 8:** Am häufigsten verwendete Pigmente

| Farbton | Oxide | Chromate | Sulfide/Selenide | Andere |
|---|---|---|---|---|
| Gelb | Nickeltitanat, Chromtitanat | Chromgelb | Cadmiumgelb | Wismutvanadat |
| Rot | Eisenoxidrot | Molybdatrot | Cadmiumrot | |
| Blau | Kobaltblau | | | Ultramarin |
| Grün | Kobaltgrün, Chromgrün | | | |
| Braun | Chromeisenbraun, Mangantitanat | | | |
| Schwarz | | | | Ruß |

**Tabelle 9:** Anorganische Pigmente (in [...] aufgeführte Pigmente aus ökologischen Gründen nicht verwenden!)

| Farbton | Chemische Klasse | Temp. Best. in PE-HD, °C | Chemische Formel |
|---|---|---|---|
| Weiss | Lithopone | 300 | $ZnS^{*}BaSO_4$ |
| | Titandioxid | 300 | $TiO_2$ |
| | Zinkoxid | | ZnO |
| Schwarz | Eisenoxidschwarz | 240 | $Fe_3O_4$, $(Fe,Mn)_2O_3$ |
| | Spinellschwarz | 300 | $Cu(Cr,Fe)_2O_4$, $Cu(Cr,Mn)_2O_4$, $(Fe,Co)Fe_2O_4$ |
| Gelb/Orange | [Cadmiumgelb] | 300 | CdS, (Cd,Zn)S |
| | [Chromgelb] | 260/290 | $PbCrO_4$, $Pb(Cr,S)O_4$ |
| | Chromrutilgelb | 300 | $(Ti,Sb,Cr)O_2$, $(Ti,Nb,Cr)O_2(Ti,W,Cr)O_2$ |
| | Eisenoxidgelb | 220/260 | $\alpha$-FeO(OH), $\chi$-FeO(OH) |
| | Nickelrutilgelb | 300 | $(Ti,Sb,Ni)O_2$, $(Ti,Nb,Ni)O_2$ |
| | Bismutvanadat/ molybdat | 280 | $BiVO_4Bi_2MoO_6$ |
| | Zinkferrit | | $ZnFe_2O_4$ |
| Braun | Chromeisenbraun | 300 | $(Fe,Cr)_2O_3$ |
| | Eisenoxid (Mangan)-braun | 260/300 | $(Fe,Mn)_2O_3$ |
| | Rutilbraun | | $(Ti,Mn,Sb)O_2$, $(Ti,Mn,Cr,Sb)O_2$ |
| | Zinkferritbraum | 260 | $ZnFe_2O_4$ |
| Rot | [Cadmiumrot/-orange] | 300 | Cd(S,Se) (Cd,Hg)S |
| | Eisenoxidrot | 300 | $\alpha$-$Fe_2O_3$ |
| | [Molybdatrot] | 260/300 | $Pb(Cr,Mo,S)O_4$ |
| Grün | Chromoxidgrün | 300 | $Cr_2O_3$ |
| | Cobalt (Spinell)-grün | 300 | $(Co,Ni,Zn)_2(Ti,A)O_4$ |
| Blau | Cobaltblau | 300 | $CoAl_2O_4$, $Co(Al,Cr)O_4$ |
| | Ultramarinblau | 300 | $Na_8(Al_6,Si_6,O_{24})S_x$ |
| Metallisch | Aluminium | 300 | Al |
| | Kupfer | 260 | Cu/Zn-Legierungen |

Oft werden für die Verarbeitung in Kunststoffen Pigmentzubereitungen verwendet. Diese Zubereitungen enthalten die Pigmente oder Pigmentmischungen in vordispergierter Form, so dass ihre Färbekraft bei der späteren Verarbeitung im PVC voll zur Geltung kommt. Tabelle 9 enthält die wichtigsten anorganischen Pigmente für die Kunststoffverarbeitung.

## 3.7 Weitere Additive

In diesem Kapitel werden spezielle Antioxidantien, die UV-Stabilisatoren, die optischen Aufheller und die Treibmittel behandelt.

### 3.7.1 Antioxidantien

Bei Beschreibung der Stabilisatoren wurden Antioxidantien (z. B. Bisphenol A = 2,2-p-Hydroxy-Diphenyl-Propan) als „Hilfsstabilisatoren“ bereits erwähnt. Zu dieser Gruppe der Phenolabkömmlinge gehören auch BHT (2,6-Ditertiärbutyl-p-Kresol) und Irganox® 1076 (Octadecyl-3-(3,5-Ditertiärbutyl-4-Hydroxyphenyl)-Propionat). Als sterisch gehinderte Phenole gehören sie zu den so genannten primären Antioxidantien, weil sie befähigt sind, in der Kunststoffmatrix vagabundierende Radikale abzufangen und sie chemisch zu neutralisieren. Relativ langlebige und dennoch reaktive Radikale finden sich in jeder PVC-Formmasse, die Wärme- oder Lichteinfluss ausgesetzt wird. Zum Verständnis der Funktion der Antioxidantien wird auf die einschlägige Fachliteratur verwiesen. An dieser Stelle soll jedoch eine Gefahr, bedingt durch die Verwendung von phenolischen Antioxidantien, erwähnt werden. Antioxidantien des phenolischen Typs werden in der Regel in Mengen < 0,25 phr bestimmten Stabilisierungen bzw. Stabilisatorcompounds für PVC zugesetzt. Es wurde jedoch verschiedentlich beobachtet, dass es bei zu reichlicher Dosierung dieser Antioxidantien (> 0,25 phr) zusammen mit basischen Pb-Verbindungen in einigen Stabilisatorsystemen zu mehr oder weniger reversiblen Gelbverfärbungen kam, die zumeist durch Einwirkung von direktem Licht wieder verschwanden. Diese Verfärbungen werden auf das alkalische Medium bei Einwirkung von diffusem Licht zusammen mit Feuchtigkeit und/oder Gasen vom Typ $NO_x$ zurückgeführt.

### 3.7.2 UV-Stabilisatoren

UV-Licht und Sauerstoff leiten in Kunststoffen oftmals Abbauvorgänge ein, in deren Folge sich die optischen und mechanischen Eigenschaften der Werkstoffe mehr oder weniger stark ändern können. Die Lichtstabilität einer nicht spezifisch lichtgeschützten PVC-Formmasse ist in erster Linie durch ihre thermische Stabilisierung vorgegeben, da sowohl Licht als auch Wärme beim PVC an den labilen Fehlstellen in der Polymerkette angreifen. Bei transparenten und transluzenten PVC-Formmassen wird die Lichtstabilität durch Zugabe von UV-Absorbern verbessert. Diese UV-Absorber sind chemisch meist vom Typ der 2-Hydroxy-Benzophenone oder 2-Hydroxy-Benzotriazole. Ihre Wirkung beruht darauf, dass sie die energiereiche und damit schädliche UV-Strahlung absorbieren und in Wärme umwandeln. Weiße PVC-Profile benötigen solch einen separaten UV-Schutz nicht, da das mit 3 bis 4 phr verwendete Titandioxidpigment die UV-Strahlung sofort nach Eintritt in den Thermoplasten absorbiert und damit zum größten Teil unschädlich macht.

In Ausnahmefällen werden PVC-Profile mit quasi „transparenten Pigmenten" (z. B. braune Profile mit Chromophthalbraun®) eingefärbt. In solchen Fällen ist eine zusätzliche Stabilisierung mit UV-Absorbern immer zweckmäßig, um das Eindringen von UV-Strahlen, welche die Licht- und Wetterechtheit (LE und WE) beeinträchtigen, in die PVC-Matrix zu minimieren.

### 3.7.3 Optische Aufheller

Aus der Papier-, Textil- und Waschmittelindustrie sind optische Aufheller seit langem bekannt. In Kunststoffen werden sie verwendet, um den so genannten Blaudefekt zu kompensieren. Der Blaudefekt beruht auf der Absorption von kurzwelligem blauem Licht durch den Kunststoff, dieser bekommt dadurch einen Gelbstich. Optische Aufheller haben die Fähigkeit, kurzwelliges für das menschliche Auge unsichtbares Licht in kurzwelliges sichtbares, blaues Licht zu transformieren; der Gelbstich des Kunststoffs wird dadurch kompensiert, weiße Artikel erscheinen noch weißer und farbige Artikel werden brillanter. In der Praxis werden die optischen Aufheller in Konzentrationen von 0,005 bis maximal 0,01 phr verwendet. Für PVC werden als Aufheller meist bis-Benzoxazole oder Phenylcumarine verwendet. Für die PVC-Verarbeitung sind optische Aufheller völlig bedeutungslos. Den bei Fensterprofilen üblichen hellen Weißgrad kann man in der Regel durch geschickte Anpassung der Rezeptbestandteile erreichen oder durch eine Spur eines blauen Pigmentes oder Farbstoffes.

In Ausnahmefällen kann ein optischer Aufheller sozusagen als „Notanker“, wenn alle anderen Maßnahmen versagen, verwendet werden. Dabei sollten allerdings einige Punkte beachtet werden:

- Optische Aufheller sind nicht witterungsstabil, – sie verlieren daher bei Anwendung im Freien bald ihre Wirkung.
- Optische Aufheller sind sehr teuer und sie verteuern jedes Verarbeitungsrezept, auch wenn sie in nur geringen Konzentrationen verwendet werden, erheblich.
- Außerdem schaffen solch geringe Konzentrationen eines Einsatzstoffes Dosier- und Dispergierprobleme beim Mischen.

### 3.7.4 Flammschutzmittel und Antistatika

Bei PVC spielen diese beiden Additive nur eine ganz untergeordnete Rolle. Flammschutzmittel erübrigen sich bei den PVC-U-Anwendungen aufgrund des hohen Chlorgehaltes von PVC. In manche PVC-P-Anwendungen gehen Flammschutzmittel, um die Entflammbarkeit der Weichmacher zu reduzieren. Dafür verwendet man Chlorparaffine, Aluminiumhydroxid, Magnesiumhydroxid, Antimontrioxid, Phosphorsäureester und verschiedene Borverbindungen.

Will man PVC eine antistatische Ausrüstung mitgeben, verwendet man von vornherein als Basis ein E-PVC, welches aufgrund seines Emulgatorgehaltes die antistatische Ausrüstung mitbringt.

### 3.7.5 Treibmittel

Für die Herstellung von Profilen, Platten und Rohren aus PVC-U-Hartschaum und PVC-P-Teppichrückenbeschichtungen, -Weichschaumfolien, -Fußbodenbelägen und im Tauch- oder Gießverfahren hergestellte Weichschaumartikel werden unterschiedliche Treibmittel verwendet. Zweck des Treibmitteleinsatzes ist die Herstellung eines sehr weichen oder halbharten Endproduktes mit niedriger Dichte (= Materialersparnis), mit besserem Weiterverarbeitungsverhalten und/ oder besserer Zähigkeit.

Die *chemischen Treibmittel* spalten während der Verarbeitung Gas ab, welches dem PVC, je nach Art des Treibmittels, eine bestimmte Schaumstruktur und -dichte vermittelt. Dabei erfolgt die Gasabspaltung bei höherer Temperatur innerhalb eines relativ engen Temperaturbereiches, in allen Fällen als irreversible Reaktion. Pro eingesetzter Menge Treibmittel soll die Gasausbeute möglichst hoch sein, das Treibmittel und seine Zerfallsprodukte müssen gesundheitlich unbedenklich sein, die Zerfallstemperatur des Treibmittels soll der Verarbeitungstemperatur des PVC angepasst sein und die Zersetzungsprodukte dürfen die Stabilität und die mechanischen Eigenschaften des PVC nicht nachteilig beeinträchtigen.

Die in der Praxis eingesetzten chemischen Treibmittel sind entweder exotherm reagierend (Azoverbindungen, Hydrazinderivate) oder endothermer Natur (Natriumbikarbonat plus Zitronensäure) oder ein Gemisch von beiden.

*Azodicarbonamid* (1,1-Azobisformamid) kommt in der Regel als hellgelbes, kristallines Pulver zur Verwendung. Seine Zersetzungstemperatur liegt zwischen 200° und 220 °C, die Gasausbeute liegt etwa bei 220 ml/g, der Gasdruck in der Schmelze beträgt bei diesen Temperaturen etwa 20 bar. Die gasförmigen Zerfallsprodukte sind im Wesentlichen Stickstoff und Kohlenmonoxid und geringe Mengen Kohlendioxid. Die festen Rückstände enthalten viel Isocyansäure und Isocyanursäure, die sich als hochtemperaturbeständige Stoffe gerne an den heißen Metallteilen der Verarbeitungsmaschinen und der Werkzeuge ablagern und somit das gefürchtete Plate-out verursachen können oder zumindest verstärken. Mit so genannten „Kickern" kann man die Zersetzungstemperatur des Azodicarbonamids gezielt herabsetzen und seine Zerfallsgeschwindigkeit beschleunigen. Als Kicker werden meist die Salze von Blei und Zink (als Stabilisatoren), aber auch organische Säuren und Basen und Poliole verwendet. Verwendet man als Kicker Zinkoxid und Kieselsäure, wird die Bildung von Isocyanursäure zugunsten von Ammoniak unterdrückt.

*Oxibisbenzolsulfohydrazid* (4,4´-Oxibisbenzolsulfohydrazid) wird als weißes, kristallines Pulver verwendet. Es hat eine Zersetzungstemperatur von etwa 150 bis 170 °C und eine Gasausbeute von 125 ml/g. Als Kicker kann man Oxidationsmittel oder/und Alkohole in alkalischem Milieu verwenden. Bei der Zersetzung entstehen Stickstoff und Wasser als gasförmige Produkte. Die Zersetzungsrückstände (Disulfide und polymeres Thiosulfonat) sind farblos und stören bei der Extrusion kaum. Weitere Treibmittel, die ähnlich reagieren sind Diphenylsulfon-3,3´-disulfohydrazid, Diphenylenoxid-4,4´-disulfohydrazid, bestimmte Triazine, Semicarbazide, Tetrazole und Benzoxazine.

*Natriumbikarbonat* (Natriumhydrogenkarbonat) repräsentiert die Gruppe der endothermen chemischen Treibmittel. Es wird in der Regel im Gemisch mit Zitronensäure oder seinen Derivaten eingesetzt. Bei der Zersetzung dieses Treibmittels entsteht im Wesentlichen Natriumkarbonat, Kohlendioxid und Wasser. Der Gasdruck ist bei der PVC-Verarbeitungstemperatur relativ niedrig, die Gasausbeute beträgt ca. 225 ml/g. Die mit Natriumbikarbonat hergestellten PVC-Schäume sind wesentlich grobporiger als die mit stickstoffhaltigem Treibmittel hergestellten. Durch die wesentlich langsamere Expansion des Schaumes erhält man aber auch eine deutlich kompaktere Außenhaut der Schaumteile (Integralstruktur).

*Endo- und exotherme Treibmittelgemische* bieten sich daher für die optimale Schaumherstellung an. Man hat außerdem gefunden, dass sich ein sehr günstiger Synergie-Effekt z. B. bei Kombination von Azodicarbonamid mit Natriumbikarbonat ergibt. Man erhält Schäume mit sehr gleichmäßiger, feinporiger Struktur, geringer Dichte und glatter, kompakter Außenhaut.

Die große Kunst in der Herstellung von Treibmittelgemischen, gegebenenfalls als fertiges Stabilisierungs-Treibmittelcompound, besteht darin, Treibmittel, Kicker und Stabilisator zusammen mit einem Extender (z. B. Kreide oder Kieselsäure) für einfaches Handling/Dosierung und als Nukleierungsmittel und für gute Verteilbarkeit, so feinteilig und innig zu vermischen, dass das Treibmittel bei der richtigen, beabsichtigten Temperatur anspringt und zu einem absolut feinporigen und gleichmäßigen Schaum führt. Eine ganz wesentliche Rolle spielt hier tatsächlich der feine Verteilungsgrad aller Komponenten, vor allem das enge „Beieinandersein" von Treibmittel, Kicker und Nukleus. Dabei sollten je nach Anwendungsfall Schaumdichten zwischen 0,4 und 0,90 g/ml erzielbar sein.

Die *physikalischen Treibmittel* sind niedrig siedende Flüssigkeiten oder Druckgase. Kohlenwasserstoffe wie Isobutan oder Pentan sind ebenso typische physikalische Treibmittel wie Hydrofluor-Kohlenwasserstoffe. Sie sind bei den in den Verarbeitungsmaschinen herrschenden Temperaturen und Drücken in der Kunststoffschmelze löslich und reduzieren daher die Viskosität der Schmelze. Beim Expandieren der Kunststoffschmelze kühlen sie durch adiabatische Expansion die Schmelze von innen her und vermindern damit die Gefahr eines Kollabierens der feinen Schaumstoffstrukturen. Die Gase Kohlendioxid und Stickstoff sind wegen ihrer Umweltfreundlichkeit als physikalische Treibmittel auf dem Vormarsch. Ihre geringe Löslichkeit in der Kunststoffschmelze und ihr hoher Gasdruck schränken ihre Anwendbarkeit allerdings so weit ein, dass sie selten als alleinige Treibmittel fungieren; sie werden daher meist in Kombination mit anderen Treibmitteln (chemischen und/oder physikalischen) verwendet. Die Verwendung von Nukleierungsmitteln wird auch bei den physikalischen Treibmitteln empfohlen. Die erzielbaren Dichten liegen bei den physikalischen Treibmitteln zwischen 0,4 und 1,0 g/ml.

# 4 Compounds

## 4.1 Die Herstellung von Dryblend, Granulat und Pasten

Bevor man an die Herstellung von Compounds geht, muss die Lagerung und Förderung von Rohstoffen, Dryblends und Granulaten bedacht werden. PVC wird innerhalb Europas üblicherweise in Silowagen geliefert, in Mengen von etwa 50 $m^3$ oder 25 t, d. h., der Verarbeiter benötigt Silokapazität von geeigneter Größe. Da man bei nur einem Silo diesen aus produktionstechnischen Gründen nie ganz leer fahren sollte, benötigt man je PVC-Typ entweder ein Silo mit deutlich mehr Inhalt als 50 $m^3$, oder besser mehr als ein Silo. Wie die Entscheidung ausfällt hängt vom PVC-Tagesverbrauch, den örtlichen Gegebenheiten, der Nähe und Zuverlässigkeit der Lieferanten, den verkehrstechnischen Gegebenheiten und den Einkaufsgepflogenheiten ab. Für diesen Einsatz durchgesetzt haben sich wetterfeste Aluminiumsilos mit Staubfiltern, Überdruckventil, Füllwächtern, Füllstandsmessern und Schleusen für den Transport zur Waage. Füllstoffe und andere Additive werden entweder in Säcken, Bigbags oder Kleinsilos geliefert. Sie werden entweder im Originalgebinde oder in Kleinsilos gelagert. Der Transport der einzelnen Mischkomponenten erfolgt aus den Silos durch Saugförderung in die Waagen, bei Sackware geht man über eine Sackaufgabestation zur Waage. Natürlich gibt es noch einzelne kleinere Betriebe in denen einzelne oder alle der beschriebenen Schritte „händisch“ vonstatten gehen, das aber nur wenn eine Automatisierung sich (noch) nicht rechnet.

Wie bereits erläutert, wird PVC vor seiner Plastifizierung oder Gelierung und thermoplastischen Umformung zum Halbzeug oder Fertigteil mit den dafür notwendigen Additiven innig vermischt. Diesen Prozess nennt man auch „Compoundieren“, weil als Oberbegriff für die verarbeitungsfertigen PVC-Formmassen, Dryblend (DB), Granulat (G) oder Pasten die Bezeichnung „PVC-Compound“ verwendet wird.

Der Schritt vom PVC-Rohstoff zum verarbeitungsfertigen Compound ist, neben dem der Rezeptgestaltung, einer für die Qualität der Fertigteile ganz wesentlich entscheidender Vorgang, der immer noch, auch in Kreisen von Fachleuten, unterbewertet wird. Fehler, die beim Compoundieren gemacht werden, lassen sich normalerweise bei den nachgeschalteten Verarbeitungsschritten nicht mehr korrigieren, da die einzelnen Verarbeitungsschritte so aufeinander abgestimmt sind, dass die Wirkung einer jeden Maschinenfunktion durch die nachfolgende Verarbeitung ergänzt – aber in der Regel nicht korrigiert – wird.

Man muss daher bei der Auswahl der Mischanlagen sehr sorgfältig vorgehen, damit alle späteren Anforderungen an die Qualität des Compounds erfüllbar sind. Somit ist das Wissen um die Bedeutung des Vorgangs „Compoundieren", die Fehler die dabei unterlaufen können und das Vermeiden von Fehlern von eminenter Bedeutung; und das gilt für alle PVC-Mischungen.

### 4.1.1 Compoundierverfahren

Aus den langjährigen Erfahrungen mit der PVC-Aufbereitung weiß man, dass PVC-U-Compounds heiß aufbereitet werden müssen. Werden diese Compounds „auf kaltem Wege" hergestellt, kommt es bei der späteren Verarbeitung zu Störungen, weil keine rieselfähige, trockene und ausreichend homogene Mischung vorliegt.

Vom Compoundierprozess erwartet man – und das gilt für PVC-U, PVC-P und für PVC-Plastisole:

- homogene Verteilung aller Rezeptkomponenten,
- weitgehende Absorption der schmelzbaren Rezeptkomponenten im PVC-Korn (gilt nicht für Pasten),
- Verbesserung der Rieselfähigkeit oder Fließfähigkeit,
- Erhöhung der Schüttdichte,
- gute Lagerfähigkeit des Compounds.

#### 4.1.1.1 PVC-U- und PVC-P-Dryblends

Die Rohstoffe und Additive sollen beim Compoundieren thermisch und mechanisch nicht geschädigt werden, eine Kontamination des Mischgutes muss ausgeschlossen werden und übermäßiger Metallabrieb vom Mischwerkzeug und der Wand des Mischers soll ausschließbar sein. Eine PVC-U-Mischung, die etwa 85 % PVC-Rohstoff, 3 % Stabilisatoren, 2 % Gleitmittel, 4 % Pigment und 6 % Füllstoff enthält, kann nur deshalb homogen gemischt werden, weil die meisten Stabilisatoren und Gleitmittel bei Temperaturen zwischen 60 und 120 °C aufschmelzen. Daher ist es wichtig, dass beim Mischen die Temperatur von etwa 120 °C im Mischgut erreicht wird.

### 4.1.1.2 Diskontinuierliche Verfahren zu Herstellung von Dryblends

Üblicherweise werden PVC-Dryblends diskontinuierlich in schnell laufenden „Fluidmischern" hergestellt. Diese Heißmischer werden heute bis zu einer Größe von 2000 l hergestellt. Das Verhältnis zwischen Behälterhöhe und Behälterdurchmesser ist etwa 1:1. Sie werden mit Antriebsmotoren von üblicherweise 0,4 bis 0,6 kW/kg Mischgut (s. u.) ausgerüstet. Diese Mischer bestehen aus einem „Topf", in dem das Mischwerkzeug, welches über einen Riementrieb von einem Elektromotor angetrieben wird, horizontal mit Umfanggeschwindigkeiten zwischen 16 und 60 m/s, bevorzugt mit 25 bis 30 m/s, läuft. Da das Mischgut nach dem Heißmischen auch wieder abgekühlt werden muss, wird der gesamte Mischprozess auf zwei Mischer, den Heiß- und den Kühlmischer (siehe Bild 6 und 7) – der auch horizontal ausgelegt sein kann – verteilt.

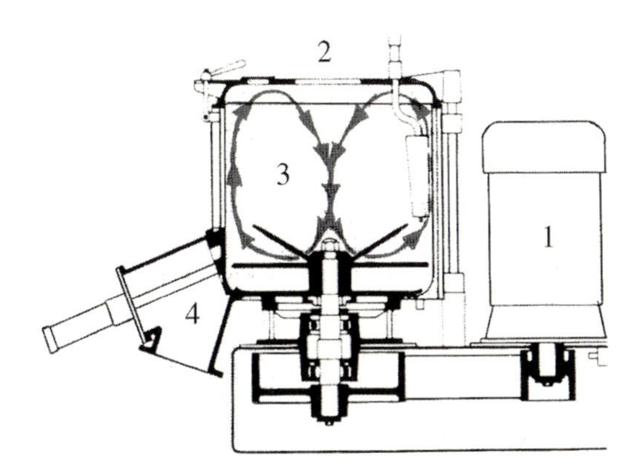


**Bild 6:** Der Heißmischer
1= Motor, 2 = Deckel, 3 = Trombe, 4 = Auslauf

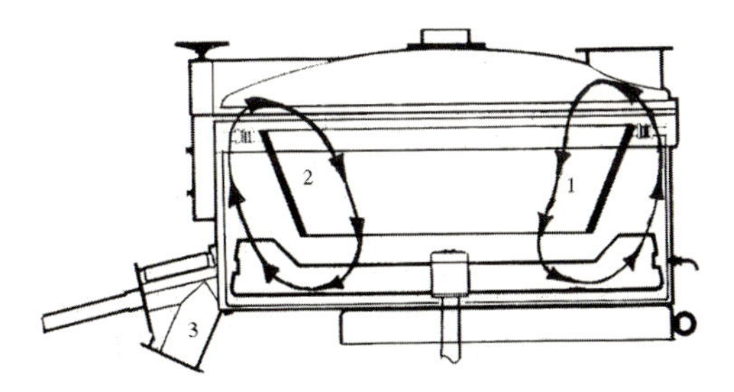


**Bild 7:** Der Kühlmischer
1 = Trombe, 2 = Kühlring, 3 = Auslauf

Das Prinzip des Fluidmischers besteht darin, dass das Mischgut durch die über das Mischwerkzeug eingebrachten Scherkräfte erwärmt wird. Die Umfanggeschwindigkeit des Werkzeugs und seine Form sind ein Maß für die auf das Mischgut übertragbare Energie. Mit steigender Umfanggeschwindigkeit des Mischwerkzeugs erhöht sich die Umlaufgeschwindigkeit der Partikel im Mischgut, die sich aufgrund der unterschiedlichen Relativgeschwindigkeit zueinander, zur Mischbehälterwand und zum Werkzeug erwärmen. Im Mischer entsteht dabei eine Materialströmung (Trombe, siehe Bild 6), in der sich das Mischgut gleichmäßig erwärmt. Dabei schmelzen die aufschmelzbaren Additivkomponenten und diffundieren in die PVC-Körner ein. Dieser Diffusionsvorgang ist sowohl temperatur- als auch zeitabhängig.

In Bild 8 sind die Vorgänge für PVC-U-DB, die sich in der Praxis tatsächlich überlappen, schematisch dargestellt.

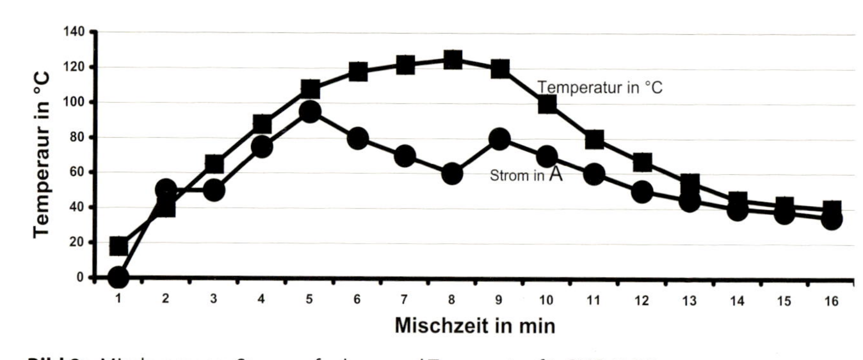


**Bild 8:** Mischvorgang, Stromaufnahme und Temperatur für PVC-U-DB

| | |
|---|---|
| Phase 1: 0 – 2 min | Einbringen von Friktionsenergie und Mischen |
| Phase 2: 2 – 3 min | Fluidisierung, Zunahme der Rieselfähigkeit |
| Phase 3: 3 – 5 min | Aufschmelzen der Hauptmenge der Additive |
| Phase 4: 5 – 8 min | Agglomeration, zunehmende Rieselfähigkeit |
| Phase 5: 8 – 16 min | Abkühlen im Kühlmischer |

In Phase 1 wird das PVC mit den Additiven vermischt. Die mechanische, über das Mischwerkzeug eingebrachte Energie wird in Wärme umgewandelt. Man vermutet nun, bezüglich Phase 2, dass neben einem Effekt der Fluidisierung die PVC-Körner durch die Prallenergie abgeschliffen werden, ihre Rieselfähigkeit zunimmt und der Motorenstrom zunächst nicht weiter ansteigt. Ab etwa 70 °C (Phase 3) schmilzt die Hauptmenge der Additive auf. Das Mischgut wird klebrig, die Rieselfähigkeit nimmt schlagartig ab, der Energiebedarf nimmt wieder zu. In Phase 4 werden die aufschmelzenden Additive vom PVC aufgenommen, das Gemisch wird „trockener", die Rieselfähigkeit nimmt zu, der Strombedarf nimmt ab. Bei Erreichen von etwa 125 °C wird die Klappe zum Kühlmischer geöffnet. Mit Zunahme der Rieselfähigkeit des Dryblends nimmt der Strombedarf im Kühlmischer ab, bei etwa 40 °C im Mischgut kann dieses aus dem Kühlmischer abgelassen werden, da nun keine Verklumpungsgefahr mehr besteht.

Heißmischer und Kühlmischer sollten während der Mischvorgänge gut belüftet werden, damit flüchtige Bestandteile (z. B. Feuchtigkeit) aus dem PVC oder aus den Additiven nach außen über Filter abgeführt werden können. Falls sich flüchtige Bestandteile aus der Mischung als Kondensat an kalten Stellen in einem der beiden Mischer ablagern, führt das zwangsläufig zur Bildung von Agglomeraten, die oft nicht mehr aufschließbar sind. Das führt dann unweigerlich zu Stippen im Endprodukt. Es ist daher zweckmäßig, das Dryblend beim Ablassen aus dem Kühlmischer über ein Sieb (Maschenweite ca. 1 bis 2 mm) laufen zu lassen, um eventuell entstandenes Agglomerat und Verkrustungen aus den Mischbehältern zurückzuhalten. Wird – was sich bewährt hat – die angefallene Agglomeratmenge regelmäßig bestimmt, kann man Unregelmäßigkeiten im Mischprozess erkennen und gegebenenfalls frühzeitig gegensteuern.

Das erhaltene Dryblend soll vor der Weiterverarbeitung in Tagessilos mit Homogenisiereinrichtung oder in Containern ca. 24 h „reifen“, d. h., Diffusionsvorgänge werden abgeschlossen, elektrostatische Aufladungen werden abgebaut, die Schüttdichte und Rieselfähigkeit nehmen zu, die Restwärme wird langsam über die Behälterwand abgeleitet. Auf jeden Fall sollen die „Tagessilos“ in temperierten Räumen stehen, damit das Dryblend im Winter nicht zu kalt und im Sommer nicht zu warm werden kann, da es sonst zu Produktionsstörungen kommt, wenn zu extrudierendes Material mit zu großen Temperaturdifferenzen im Maschinentrichter ankommt.

Die *Kapazität* einer Mischanlage wird bestimmt durch die Größe des Mischers (verfügbares Volumen) und den möglichen Mischzyklen innerhalb einer Zeiteinheit. Die Kapazität eines Mischers pro Zeiteinheit errechnet sich aus der Mischkapazität der beiden separaten Mischer nach der folgenden Faustformel:

Verfügbares Volumen × 0,7 = Arbeitsvolumen im Heißmischer

Arbeitsvolumen × Dichte des Dryblends = Batchgröße in kg/Zeiteinheit

*Beispiel für einen 1000-l-Heißmischer (250 kW):*

1000 l × 0,7 × 0,65 kg/l = 100 % Füllgrad = 455 kg Dryblend/Zeiteinheit

In der Praxis ist der optimale Füllgrad eines Heißmischers dann erreicht, wenn sich beim Mischen stets eine gut umlaufende Trombe bildet und wenn die eingestellte Endtemperatur nach einer Heißmischzeit von etwa 7 bis 9 min erreicht wird (Bild 6). Das Volumen des Kühlmischers wird in der Regel deutlich größer ausgelegt als das des Heißmischers, damit dem Dryblend möglichst viel Kühlfläche bei niedriger Umlaufgeschwindigkeit des Werkzeugs zur Verfügung steht (Bild 7). Die Kapazität des Kühlmischers wirkt sich daher nicht mengenbegrenzend auf den gesamten Mischprozess aus. Die Mengenbegrenzung einer Mischanlage liegt in der Regel in der Kapazität des Heißmischers.

In einigen Fällen wird ein großer Kühlmischer, der kontinuierlich arbeitet, zeitlich versetzt von 2 Heißmischern bedient, wobei dann das Mischgut nach mehr oder weniger langer Mischzeit kontinuierlich ausgetragen wird. Die stark unterschiedliche Verweilzeit der einzelnen PVC-Partikel im Kühlmischer führen hin und wieder zu Problemen mit Stippen und „Plate-out" bei der Fensterprofilextrusion. Allerdings gibt es positive Erfahrungen mit diesem Vorgehen bei der Herstellung von Dryblends für die Rohrherstellung, die im so genannten „Doublebatching" umgesetzt wurden.

Bei diesem Verfahren wird die für den Heißmischer zulässige Menge PVC mit der doppelten Additivmenge im Heißmischer gemischt. Beim Ablassen dieses Vorbatches in den Kühlmischer wird noch einmal die gleiche Menge PVC hinzugegeben und beide Komponenten werden im Kühlmischer vermengt. Mit diesem Verfahren verdoppelt man die Kapazität des Heißmischers und des Kühlmischers und senkt die Kosten für Energie und Kühlwasser, da nur die Hälfte des Dryblends durch Friktion erwärmt wird während die zweite Hälfte PVC hilft, das Dryblend schneller abzukühlen. Der Nachteil dieses Verfahrens liegt darin, dass theoretisch nur jedes zweite PVC-Korn intensiv mit Additiv in Berührung kommt. Bei pneumatischer Förderung kann es zu Entmischungen kommen. PVC-Partikel, die nicht heiß gemischt wurden, sind deutlich schlechter aufschließbar. Außerdem kann es durch den „Überschmierungseffekt" zu Plate-out kommen. Dieses kann bei anspruchsvollen Extrusionsprozessen, wie z. B. bei der Fensterprofilherstellung, zu Problemen führen. Daher ist das „Doublebatching", obwohl vom Ansatz her sicher sehr reizvoll, für empfindliche Anwendungen bisher nur in wenigen Betrieben, die über hervorragend plastifizierende Extruder und besonders gut funktionierende Fördereinrichtungen verfügen, versuchsweise, aber erfolgreich durchgeführt worden.

In jüngster Zeit sind einige sehr sinnvolle Gedankenansätze zum Thema „Herstellen von PVC-Dryblend" diskutiert worden. Diese Ansätze sollen hier auch kurz erläutert werden. Stabilisatoren und Gleitmittel sollten beim Mischen an sich nur auf das PVC-Korn aufziehen. Üblicherweise werden jedoch immer noch PVC-Pulver, Pigmente und Füllstoffe im Heißmischer vorgelegt und dann mit den anderen Additiven gemischt. Dabei absorbieren z. B. Kreide und Titandioxid einen wesentlichen Teil der schmelzbaren Stabilisatoren und Gleitmittel, obwohl diese weder bei der Extrusion noch beim Gebrauch benötigt werden. Diese „Verschwendung" von Additiv kann bei der Verarbeitung sogar zusätzlich zu höherer Plate-out-Anfälligkeit führen. Es würde daher Sinn machen, wenn der Heißmischprozess nur mit dem PVC-Pulver, Stabilisatoren, Gleitmittel und den anderen Modifiern durchgeführt wird. Kreide und Pigment werden erst am Ende des Heißmischvorganges oder im Kühlmischer hinzugefügt. Dabei könnte die benötigte Menge an Stabilisatoren und Gleitmitteln um ca. 10 % reduziert werden, da diese üblicherweise von der Kreide und dem Titandioxid absorbiert werden. Neben der Rezeptkosteneinsparung würde das Plate-out-Risiko drastisch gesenkt und das ließe sich in Gewinn oder Verlust umrechnen. Ausführliche Versuche dazu haben allerdings leider gezeigt, dass dieser theoretische Gedankenansatz nicht unbedingt in die Praxis übertragbar ist, u. a. weil oft die bei der PVC-Verarbeitung verwendeten Stabilisatoren (z. B. Pb-Phosphit) gar nicht schmelzen. Dieses Thema wird allerdings von interessierten Kreisen weiter bearbeitet, denn schließlich sind die Ca-Zn-Stabilisatoren unter diesen Bedingungen fast vollständig löslich. Einzelheiten dazu sind im Handbuchs des Internationalen Kunststoff-Fenster-Kongresses 2000 in Berlin nachzulesen (Kapitel 9, Dr. Große-Aschhoff, IBK-Darmstadt).

#### 4.1.1.3 Kontinuierliche Verfahren zur Herstellung von Dryblends

Die Extrusion von PVC-Halbzeugen ist ein kontinuierlicher Prozess. Es ist daher verständlich, dass nach Wegen gesucht wurde, den Mischvorgang „online“ ebenfalls kontinuierlich zu gestalten. Verschiedene Hersteller von Misch- und Förderanlagen haben sich intensiv mit diesem Problem befasst und unter anderem das „Colortronic®“ Verfahren entwickelt. Bei diesem Verfahren wird der Mischprozess direkt zum Extruder verlagert. Auf dem Trichter der Maschine wird dabei eine Dosier- und Mischvorrichtung installiert, die den Extruder kontinuierlich mit Dryblend füttert.

In der Praxis sieht das so aus, dass in einem Mischgefäß mit umlaufendem Mischwerkzeug volumetrisch oder gravimetrisch dosierte Rohstoffe und Additive innerhalb kurzer Zeit kontinuierlich unter Erwärmung (Friktion) gemischt und kontinuierlich nach relativ kurzer Verweilzeit in den Trichter des Extruders abgelassen werden. Mechanisch sind dabei alle denkbaren Probleme gelöst worden.

Dieses Verfahren hat sich dennoch nicht für alle Verfahren durchsetzen können, weil die Mischzeiten zu kurz und die Verweilzeiten der einzelnen PVC-Körner im Mischer zu unterschiedlich sind (s. o.). In der PVC-U-Rohrextrusion wird dieses Verfahren bei einigen Verarbeitern angewendet, weil an das Dryblend für die Herstellung von Rohren weniger hohe, oder zumindest andere Anforderungen im Hinblick auf Homogenität und Plastifizierverhalten gestellt werden und weil die PVC-Schmelze im Rohrkopf (Düse) wesentlich stärker geschert werden kann als in manch anderen Werkzeugen. Bei den Profilherstellern ist dieses Verfahren noch umstritten, allerdings wird bei einem Fensterprofilhersteller in Deutschland nach diesem Prinzip gearbeitet. Alle anderen kontinuierlichen Mischeinrichtungen arbeiten nach ähnlichem Prinzip und haben daher die gleichen Vorteile und Schwächen.

### 4.1.2 Prozess-Steuerung und Überwachung bei der Dryblend Herstellung

Wie bereits zu Eingang dieses Kapitels erwähnt, können Fehler, die beim Mischen entstehen, nur selten oder in der Regel gar nicht bei der späteren Weiterverarbeitung kompensiert werden. Es ist daher für jeden Hersteller von PVC-Compounds außerordentlich wichtig, den Compoundiervorgang optimal zu steuern und laufend zu überwachen. Im Sinne einer Qualitätssicherung dient die Überwachung in erster Linie der Fehlervermeidung und erst danach zur Korrektur von Fehlern. Die Instrumente und Maßnahmen zur Prozessüberwachung müssen daher auch bereits im Bereich der Prozess-Steuerung greifen.

Im Einzelnen sind die folgenden Schritte zu lenken und zu überwachen:

- Förderung und Dosierung aller Rezeptbestandteile in der richtigen Reihenfolge in den Mischervorbehälter,
- Leistungsaufnahme am Heißmischer,
- Temperaturverlauf im Heißmischer,
- Endtemperatur im Heißmischer,
- Dauer des Heißmischprozesses,
- Dauer des Kühlens,
- Mischgutendtemperatur,
- Eigenschaften des Dryblends, wie z. B. Agglomerate, Schüttdichte, Dichte, Rieseln, Farbe, Thermostabilität, Verarbeitungsverhalten.

#### 4.1.2.1 Befüllen des Heißmischers

Die Dosierung und Förderung aller Rezeptkomponenten in den Mischervorbehälter wird anhand des Verwiegeprotokolls kontrolliert. Erst wenn die Ist-Werte mit der Vorgabe übereinstimmen, wird die Klappe vom Mischervorbehälter zum Heißmischer geöffnet.

Es ist dabei zu berücksichtigen, dass es zweckmäßig ist, Pigmente und andere „mischsensible" Rezeptkomponenten erst dann in den Heißmischer zu geben, wenn das Mischgut eine Temperatur um die 80 °C erreicht hat. Das bedeutet, dass die Rezeptkomponenten unter Umständen in zwei Chargen über den Mischervorbehälter in den Heißmischer gelangen.

Abrasive Pigmente wie z. B. Titandioxid erzeugen weniger Abrieb an der Mischerwand und am Werkzeug, wenn das PVC im Heißmischer schon elastisch geworden ist und damit die Prallenergie zwischen den Metallteilen des Mischers und dem

$TiO_2$ etwas dämpfen. Je höher der Metallabrieb im Mischgut ist, desto problematischer wird die Farbhaltung für das Dryblend, da bereits geringe Spuren von Eisen den Farbton deutlich in Richtung grau verschieben und die Witterungsbeständigkeit erheblich verschlechtern. Die Mischwerkzeuge haben in der Regel eine Panzerung an ihrer „Luvseite", dennoch müssen sie wegen des sich zwangsläufig ergebenden Abriebs in bestimmten Zyklen erneuert, oder neu „aufgepanzert" werden. Je öfter ein Mischwerkzeug gewechselt werden muss, desto höher sind die Kosten und der Verlust an Mischkapazität.

Scherempfindliche Pigmente, deren Kristallstruktur durch den Aufprall auf die Metallteile im Mischer zerstört werden kann, müssen unter schonenden Bedingungen in das Mischgut eingearbeitet werden, damit sie ihre Eigenschaften im Hinblick auf Wetter- und Lichtechtheit nicht verlieren. Sie sollten daher auch zeitlich versetzt, bei höherer Temperatur des Mischgutes in den Heißmischer gegeben werden, damit sie nicht zu starken Scherkräften ausgesetzt werden.

Für den Extruder leicht aufschließbare Pigmentpräparationen bestehen oft aus in gut aufschmelzbarem Polymer vordispergiertem Pigment. Stellvertretend für alle anderen soll hier das Mikrolithbraun® 5R KP genannt werden, da der Autor besondere Erfahrung mit dieser Pigmentpräparation machte. Sie absorbiert Flüssigkomponenten beim Mischen sehr schnell und bildet dann leicht Agglomerate mit anderen Rezeptkomponenten, wie z. B. der Fließhilfe. Daher sollten solche Pigmentpräparationen auch erst dann in den Heißmischer gegeben werden, wenn die flüssigen und schmelzbaren Komponenten weitgehend vom PVC absorbiert worden sind.

### 4.1.2.2 Der Heißmischer

Die Leistungsaufnahme des Heißmischers und der Temperaturverlauf im Mischgut sind Maßstab für die in die Mischung eingebrachte Friktionsenergie. Ihr Verlauf ist für bestimmte Mischungen typisch, Abweichungen vom üblichen Verlauf weisen auf qualitative und/oder quantitative Unregelmäßigkeiten bei Zugabe der Komponenten in den Heißmischer hin. Die optimale Umfanggeschwindigkeit eines Mischwerkzeugs (16 bis 30 m/s) wird im Wesentlichen durch seine Form und die einzubringende Energie bestimmt. Bei zu niedriger Drehzahl wird pro Zeiteinheit zu wenig, bei zu hoher Drehzahl zuviel Energie in das Mischgut eingebracht. Bei zu niedriger Drehzahl dauert es bis zum Erreichen der Heißmischerendtemperatur zu lange und es entsteht zuviel Metallabrieb. Ist die Drehzahl zu hoch, dann ist der Heißmischvorgang zu kurz. Dabei besteht außerdem die Gefahr, dass die auf der Luvseite des Werkzeugs auf das PVC übertragene Prallenergie so groß ist, dass PVC-Partikel plastifiziert werden. Das so plastifizierte PVC bildet Krusten und Agglomerate, die bei der späteren Weiterverarbeitung meist nicht mehr aufgeschlossen werden. Dieses führt dann unweigerlich zu Stippen im Fertigteil.

Die Zeit bis zum Erreichen der Mischerendtemperatur ist auch ein Kriterium für den qualitativen Ablauf des Mischvorgangs. Ist die benötigte Zeit bei unveränderter Motordrehzahl kürzer als üblich, dann war der Füllgrad zu hoch oder eine der schmelzenden Komponenten war zu hoch dosiert; bei zu langer Mischzeit ging die Abweichung in die umgekehrte Richtung. Der Mischerfüllgrad sollte immer möglichst dicht bei 100 % liegen; bei zu hohem Füllgrad bildet sich keine gut umlaufende Trombe im Mischer aus, der Mischeffekt ist gering, und die Zeit bis zum Erreichen der eingestellten Endtemperatur ist zu kurz. Die schmelzbaren Additive haben dann nicht genügend Zeit, um in das PVC-Korn zu diffundieren. Das Mischgut wird daher später schlecht rieseln, im Extruder und im Werkzeug bildet sich Plate-out, die Oberfläche der Fertigteile wird stippig, die mechanischen Eigenschaften und das Schweißverhalten verschlechtern sich deutlich.

Bei zu niedrigem Füllgrad dauert der Heißmischprozess zu lange, der Abrieb am Werkzeug nimmt zu, die Farbe des Mischgutes verändert sich und die Witterungsstabilität des Halbzeugs wird deutlich schlechter.

Kein PVC-Verarbeiter wird unnötigerweise den Füllgrad seines Mischers zu niedrig einstellen, wenn ihn nicht mechanische Probleme dazu zwingen, da ihm dadurch Mischkapazität verloren geht. Jeder Verarbeiter wird jedoch versuchen, den Durchsatz am Mischer möglichst hoch zu fahren. Vor dem Hintergrund der aufgezeigten Konsequenzen wird empfohlen, in jedem Falle den optimalen Füllgrad des Heißmischers zu ermitteln und strikt einzuhalten.

#### 4.1.2.3 Der Kühlmischer

Der doppelwandige, wassergekühlte Kühlmischer, den es in vertikaler (Bild 7) und ebenso in horizontaler Bauweise gibt, ist so ausgelegt, dass die Kühlzeit immer kürzer ist als die Heißmischzeit. Der Kühlmischer ist daher mit einer besonders großen Kühlfläche ausgestattet. Das erreicht man, indem der Kühlmischer etwa dreimal so groß ist wie der Heißmischer und indem man ihn zusätzlich mit Kühlringen oder -segmenten im Innern ausstattet. Um möglichst wenig Friktionswärme in das Mischgut einzubringen, läuft das Werkzeug im Kühlmischer mit Umfanggeschwindigkeiten von deutlich unter 10 m/s.

Die Hauptaufgabe des Kühlmischers besteht darin, das Mischgut unter ständigem Umwälzen auf etwa 40 °C abzukühlen. Die im Heißmischer angelaufenen Diffusionsvorgänge werden im Kühlmischer weitergeführt. Es ist daher wichtig, dass eine Mindestaufenthaltsdauer der einzelnen PVC-Körner im Kühlmischer sichergestellt ist.

Bei zu kurzer Aufenthaltsdauer im Kühlmischer wird das Dryblend auf jeden Fall schlechter rieseln, und unter Umständen gibt es Plastifizierprobleme im Extruder mit den daraus resultierenden Schwierigkeiten. Verweilt das Dryblend länger als notwendig im Kühlmischer, wirkt sich das nicht nachteilig auf die Qualität des Mischgutes aus, man verbraucht allerdings unnötig viel Kühlwasser und elektrische Energie.

Auf eine kontinuierliche Belüftung des Kühlmischers ist zu achten, damit die Bildung von Kondensat und daraus resultierendes Agglomerat vermieden wird.

Manche der im Kühlmischer entstehenden Agglomerate heißen im Fachjargon auch „Taubeneier". Sie erreichen hin und wieder die Größe von Taubeneiern, sind meist sehr hart und führen bei der Extrusion wegen Verstopfung des Extrudertrichters schnell zum Abriss des Extrudats. Selbst kleinere Agglomerate stören den Verarbeitungsprozess, da sie oftmals bei der Plastifizierung nicht mehr vollständig aufgeschlossen werden und dann Stippen im Endprodukt erzeugen.

Um eventuell entstandene Agglomerate von vornherein zu separieren, wird in der Regel am Materialauslass des Kühlmischers ein Sieb installiert. Die Maschenweite dieses Siebes liegt bei ca. 1 bis 2 mm, damit sich der Dryblend-Durchsatz in akzeptabler Zeit vollzieht, außerdem werden Agglomerate mit Durchmessern < 2 mm, wenn sie nicht zu hart sind, meist noch im Extruder aufgeschlossen. Eine laufende Kontrolle eventuell anfallenden Agglomerates ist wichtig, da diese Menge immer ein Indiz für Unregelmäßigkeiten im Mischvorgang ist. Das aus dem Kühlmischer in einen Zwischenbehälter abgelassene Dryblend wird nach einer geeigneten Qualitätskontrolle zum „Reifen" in einen Tages- oder Vorratssilo gefördert, oder einer Granulierung zugeführt.

### 4.1.3 Fehlerquellen und ihre Beseitigung

Ein Teil der beim Compoundieren möglichen Fehler wurde bereits bei Beschreibung der Mischanlagen erwähnt. Alle dem Autor bekannten Fehlerquellen sollen im Folgenden zusammengefasst werden. Dabei wird vorausgesetzt, dass die Zusammenstellung der Roh- und Hilfsstoffe (Rezept) für den jeweiligen Anwendungsfall optimiert wurde, so dass Rezeptfehler hier nicht diskutiert werden müssen. Die folgenden Ursachen für fehlerhaftes Compound sind dem Autor bekannt geworden:

- Verunreinigungen, schwer schmelzbare und schwer dispergierbare Additive,
- qualitative und quantitative Dosierfehler,
- Reihenfolge bei der Dosierung,
- undichte Klappen und Verschlüsse im Materialfluss,

- fehlerhafte Mischwerkzeuge,
- falsche Prozess-Steuerung,
  - Mischerfüllgrad,
  - Werkzeugdrehzahl,
  - Aufheizgeschwindigkeit (Heizrate),
  - Heißmischerendtemperatur,
  - Kühlmischerendtemperatur,
  - Abkühlgeschwindigkeit,
  - Kühlmediumtemperatur (Kühlrate),
- mangelhafte Belüftung der Mischer,
- fehlende Agglomeratabtrennung,
- unsachgemäße Förderung und Lagerung des Compounds.

**Verunreinigungen, schwer schmelzbare und schwer dispergierbare Additive**

Additive für die PVC-Compoundierung sollten mechanisch leicht dispergierbar oder bei Temperaturen < 100 °C aufschmelzbar sein. Probleme treten immer dann auf, wenn Verunreinigungen oder nicht dispergierbare Agglomerate oder schwer schmelzbares One-pack in den Mischer gelangen.

Verunreinigungen sind bei der PVC-Verarbeitung ein besonders heikles Thema, daher soll hier etwas ausführlicher darauf eingegangen werden.

Wie bei allen größeren industriellen Produktionen können auch beim PVC Verunreinigungen auftreten. Sie können sehr schwerwiegend sein oder aber gar nicht sonderlich auffallen, so dass sie nur ein geübtes Auge feststellt. Besonders auffällig werden Verunreinigungen, wenn sehr dünne oder dünnwandige Artikel erzeugt werden. Nur ein Beispiel: Ein ganzer Tankzug (25 t) PVC kann durch einen Fingerhut voll Sand (5 g = 0,00002 %) für die Herstellung von dünnen Kalanderfolien unbrauchbar gemacht werden, während diese Verunreinigung bei der Herstellung von Abflussrohren gar nicht auffallen würde. Vorkehrungen zur Vermeidung von Verunreinigungen im Endprodukt sind von großer Bedeutung, zumal durch Verunreinigungen verursachte Schäden und deren Folgeschäden in der Regel den Wert des erzeugten Produktes weit übersteigen. Oft werden Verunreinigungen über das PVC eingeschleppt, sie können aber grundsätzlich über jede Rezeptkomponente in das Compound geraten. Oft handelt es sich dabei um so genannte „Transportverunreinigungen", durch die Hühnerfutter, Stärke, Zucker, Milchpulver, Metallsplitter, Insekten, Schrauben, Schweißdraht, Dichtungen oder Reste davon, Besenstiele, Schaufeln, Fasern verschiedener Herkunft, Kunststoffgranulate, Wäschestücke, Holzstücke, Kirschkerne, Glasscherben, Sandkörner und vieles andere mehr mit einem der Rohstoffe eingeschleppt werden. Ob diese Verunreinigungen von vornherein im Rohstoff waren, ob sie über den Transportbehälter, Schläuche oder Leitungen oder einfach durch menschliche Unzulänglichkeiten (siehe Wäschestücke) eingeschleppt wurden, lässt sich später oft nicht mehr klären. Es gibt zwar die Vorschrift, dass in Silowagen für Kunststoffe und Additive auch nur Kunststoffe und Additive transportiert werden dürfen...da sich einzelne Mitglieder von Speditionsunternehmen aber nicht immer an diese Regel halten, kann es unter Umständen zu solchen Transportverunreinigungen kommen. Es hat sich daher bewährt, alle Rohstoffe, sofern sie nicht im Sack oder Bigbag geliefert werden, vor dem Ablassen in den Vorratssilo über ein Sieb laufen zu lassen, damit alle gröberen Verunreinigungen zurückgehalten werden. Darüber hinaus ist eine sorgfältige Eingangskontrolle für alle Rohstoffe von Nutzen, nicht nur, um gegebenenfalls die Herkunft der Verunreinigung nachweisen zu können. Besonders schwierig wird die Suche nach Verunreinigungen, wenn diese in äußerst geringer Konzentration (< ppb) auftreten, dabei aber verheerende Folgen haben. Dazu soll das folgende Beispiel erläuternd dienen. Ein bekannter PVC-Rohstoffhersteller belieferte einen bekannten Profilhersteller seit Jahren mit PVC-Rohstoff. Die Kooperation verlief lange problemlos, bis eines Tages bei der Extrusion in den Profiloberflächen kaum auffällige, lang gezogene Riefen auftraten. Bei der Ursachenforschung fand man deutlich sichtbare Kratzer in den damals noch verchromten Kalibern. Die nun ausgelöste Suche nach kleinen harten Verunreinigungen im Dryblend und Rohstoffen blieb zunächst erfolglos, bis eines Tages tatsächlich ein winziger Metallsplitter in einer Profiloberfläche gefunden wurde. Eine Analyse ergab Bronze als Metallbasis. Der Rohstoffhersteller und der Verarbeiter konnten sich die Herkunft dieser Bronzesplitter nicht erklären, in keinem der Betriebe wurde mit Bronze „gearbeitet". Da man kurz danach auch Bronzesplitter im Rohstoff nachweisen konnte, übernahm der Rohstoffhersteller die erheblichen Kosten, die dem Verarbeiter durch Produktionsausfälle, Reklamationen und Reparatur der Werkzeuge entstanden waren. Die Ursache oder Herkunft der Bronzesplitter konnte beim Rohstoffhersteller zunächst trotz intensiver Suche nicht gefunden werden. Nach etwa einem halben Jahr hörte der zuständige Betriebsleiter der PVC-Produktion zufällig in einem Gespräch zwischen einem Schichtmeister und seinem Mitarbeiter, dass zu der fraglichen Zeit an einer Siebmaschine ein Lager, welches „Geräusche machte" in einer eiligen Aktion ausgewechselt worden war. Beim Betriebsleiter klingelten sofort alle Alarmglocken: Lagermetalle sind oft aus Bronze. Damit hatte man endlich die Ursache für diese kostspielige Störung gefunden.

PVC-Glaskörner sind zwar keine Verunreinigung, es ist ja PVC, aber da diese Körner bei der Verarbeitung nicht mehr aufgeschlossen werden, führen sie zu Stippen und Schwachstellen im Endprodukt.

Schwer schmelzbare Rezeptkomponenten wurden in der Vergangenheit hin und wieder in One-packs von Stabilisatoren- und Gleitmittelmischungen beobachtet. Sie bilden sich, wenn bei Herstellung des One-packs zu hohe Temperaturen und/oder Drücke das Additivmaterial zu stark sintern lassen. Diese angesinterten Partikel werden beim Mischprozess nicht oder nicht vollständig aufgeschlossen. Infolgedessen kann das Additiv nicht optimal im PVC verteilt werden und es entstehen in aller Regel Stippen im Endprodukt.

Agglomerate werden hin und wieder auch über den Füllstoff in das Dryblend eingeschleppt, da dieser während oder nach dem Coating leicht verklumpt. Das kann allerdings auch mit dem Titandioxid und anderen pulvrigen Additiven geschehen. Sie lassen sich leicht identifizieren, da sie im Endprodukt als deutliche Stippen sichtbar, isolierbar und identifizierbar werden (REM, IR-Spektroskopie, Röntgenfluoreszenz).

Es treten auch häufig genug betriebsintern zu verantwortende Fehler auf. Papierschnipsel vom Aufreißen der Säcke sind keine Seltenheit, Ablagerungen aus verunreinigten Rohrleitungen treten ebenso häufig auf. Eine Sicherheitssiebung des fertigen Dryblend ist daher immer sinnvoll, sie kann viel Geld und Ärger ersparen.

### Qualitative und quantitative Dosierfehler

*Qualitative* Dosierfehler treten nur dann auf, wenn die Zuordnung der Vorrats- und/oder Kleinkomponentensilos nicht funktioniert, oder wenn das mit der Dosierung betraute Personal Verwechslungen bei der Additivzugabe zulässt. Sie werden meist schon bei Kontrolle der Mischprozessparameter, spätestens jedoch bei Prüfung der Compound-Eigenschaften bemerkt.

*Quantitative* Dosierfehler sind viel häufiger; sie treten auf, wenn Waagen nicht sauber messen, Waagenbehälter nicht vollständig entleert werden oder wenn im Mischervorbehälter beim Entleeren in den Heißmischer Material zurückbleibt. Fehler dieser Art sind sofort am Mischprotokoll erkennbar, da sich der Energiebedarf am Mischer und die Mischzeiten deutlich ändern. Diese Dosierfehler lassen sich, wenn dem Kühlmischer ein Homogenisiersilo nachgeschaltet ist, in den meisten Fällen korrigieren, da sich eine oder zwei Fehlchargen von wenigen hundert Kilogramm – sofern keine groben Fehler vorlagen – in mehreren Tonnen Compound gut untermischen lassen.

### Reihenfolge bei der Dosierung

Die Probleme, die eine falsch gewählte Reihenfolge bei Dosierung der Additivkomponenten in den Heißmischer aufwerfen, wurden an den Beispielen „$TiO_2$“ und „Mikrolithbraun® 5R KP“ bereits beleuchtet. Grundsätzlich sollen alle Additivkomponenten, die zur Agglomeratbildung mit Flüssigkeiten oder Schmelzen neigen, oder abrasiv wirken, erst zu einem späteren Zeitpunkt in den Heißmischer gegeben werden, wenn nämlich die flüssigen oder schmelzbaren Substanzen vom PVC absorbiert wurden und wenn durch die erhöhte Temperatur im Mischer ein elastischer Aufprall der Komponenten auf das Mischwerkzeug sichergestellt ist.

### Undichte Klappen und Verschlüsse im Materialfluss

Undichte Klappen und Verschlüsse im Materialfluss der Mischeinrichtung führen dazu, dass unzureichend gemischtes Material zu früh in den Kühlmischer oder in den Compound-Silo gelangt. Ist die Klappe zwischen dem Mischer-Vorbehälter und dem Heißmischer undicht, rieselt während des Heißmischvorganges ständig PVC-Rohstoff, der während des Heißmischvorganges erneut in den Mischer-Vorbehälter eingewogen wird, in den Heißmischer nach. Schließlich gelangt beim Ausräumen des Heißmischers PVC-Rohstoff direkt in den Kühlmischer. Selbst geringe Mengen PVC-Pulver, welche nicht heiß gemischt wurden, führen zu Stippen im Extrudat.

### Fehlerhafte Mischwerkzeuge

Die Konzeption des Mischwerkzeugs, seine Panzerung und seine Umlaufgeschwindigkeit haben wesentlichen Einfluss auf die Qualität des Extrudates und die mögliche Betriebszeit bis zur erneuten Aufpanzerung des Mischwerkzeugs.

Jeder Hersteller von Mischanlagen vertritt seine eigene Philosophie zur Konzeption „seiner" Mischwerkzeuge. Für den PVC-Verarbeiter ist dabei nur wichtig, dass am Ende des Mischvorganges optimal verarbeitbares Dryblend resultiert. Die häufigsten Probleme beim Heißmischen treten auf, wenn

- die Heißmischzeiten außerhalb der oben empfohlenen 7 bis 9 Minuten liegen,
- die Aufprallgeschwindigkeit auf das PVC-Korn zu hoch ist,
- keine saubere Trombe gebildet wird,
- die Panzerung unzureichend ist,
- keine saubere Räumung des Heißmischers gewährleistet ist.

Die Konsequenzen aus den ersten vier Fehlern sind bereits ausführlich behandelt worden. Wird der Heißmischer am Ende des Mischvorganges nicht vollständig ausgeräumt, kann es passieren, dass einzelne PVC-Partikeln während mehrerer aufeinanderfolgender Mischvorgänge thermisch belastet werden. Dieses kann zu einer thermischen Schädigung der PVC-Körner führen; Stippen im Endprodukt sind dann die Folge.

### Falsche Prozess-Steuerung

Nur eine korrekte Steuerung des Mischvorganges führt zu einem reproduzierbarem Qualitätsniveau des Dryblends. Fehlsteuerungen werden immer wieder zu empfindlichen Störungen führen. In Tabelle 10 sind die zum Teil schon erwähnten Fehlermöglichkeiten und ihre Konsequenzen übersichtlich zusammengestellt.

### Mangelhafte Belüftung der Mischer

Heiß- und Kühlmischer sollten immer gut belüftet werden, um Bildung von Kondensat zu vermeiden und Geruchsbelästigungen zu verhindern.

Bei Kondensation von flüchtigen Bestandteilen aus den Rohstoffen oder Additiven an kühleren Teilen in den Mischern kommt es zwangsläufig zur Bildung von Agglomeraten, die im ungünstigsten Falle die Größe von Taubeneiern annehmen können.

Stark riechende Komponenten im Additivsystem, z. B. von Sn-Stabilisatoren, sollten von den Mischern abgesaugt werden, um unnötige Geruchsbelästigungen am Arbeitsplatz zu vermeiden.

### Fehlende Agglomeratabtrennung

Je nach Verarbeitungsrezept und Prozess-Steuerung kann es zu Agglomeratbildung in den Mischern kommen. Von kleinen und weichen Agglomeraten sind bei der späteren Verarbeitung weniger Probleme zu erwarten. Schwierigkeiten entstehen aber immer dann, wenn die Agglomerate hart sind und bei der Plastifizierung nicht mehr aufgeschlossen werden, oder wenn sie so groß sind, dass die Förderung des Dryblend behindert wird.

Es hat sich als zweckmäßig erwiesen, grundsätzlich die Agglomerate nach dem Kühlmischer über ein Sieb zu separieren und die anfallende Menge zu ermitteln. Weiche Agglomerate kann man nach dem sorgfältigen Zerkleinern wieder verwenden, harte Agglomerate müssen vor ihrer Weiterverwendung fein gemahlen werden oder sie werden entsorgt.

Die Bildung von Agglomerat in den Mischern sollte sorgfältig verfolgt und immer wieder durch geeignete Maßnahmen verhindert oder minimiert werden.

### Unsachgemäße Förderung und Lagerung des Compounds

PVC-Dryblends müssen nach ihrer Herstellung, bevor sie weiterverarbeitet werden können, noch einige Stunden lagern. Dabei werden Diffusionsvorgänge abgeschlossen, elektrostatische Aufladungen werden abgebaut, die Schüttdichte und die Rieselfähigkeit nehmen zu. Diesen Vorgang nennt man auch „reifen“. Außerdem ist eine Homogenisierung der einzelnen Mischerchargen, die sich doch immer ein wenig voneinander unterscheiden, zweckmäßig. Daher ist es sinnvoll, das Dryblend in einem größeren Behälter (Silo) zu homogenisieren und zu lagern. Dafür werden Mischsilos mit statischen oder dynamischen Mischelementen von verschiedenen Siloherstellern angeboten. Wichtig dabei ist, dass mindestens 10 Mischerchargen gemischt werden können und dass das Mischgut mit konstanter Temperatur zu der Verarbeitungsmaschine gelangt.

Bei der Förderung des Dryblends, die beim PVC pneumatisch oder mechanisch erfolgen kann, ist darauf zu achten, dass Entmischungen und Metallabrieb aus den Förderrohren vermieden werden. Die Lagerung des Dryblends muss auf jeden Fall trocken und bei mäßigen und vor allem konstanten Temperaturen erfolgen.

Gerät das Dryblend mit unterschiedlichen Temperaturen in den Maschinentrichter, sind zwangsläufig Schwierigkeiten bei der Verarbeitung zu erwarten. Nimmt das Dryblend bei Lagerung und Transport Feuchtigkeit auf, führt dieses zu Einzugs- und Plastifizierschwierigkeiten im Extruder, mit all den daraus resultierenden Problemen (s. Tabelle 10)

**Tabelle 10:** Fehler beim Compoundieren und ihre Konsequenzen

| Fehler | Konsequenz | Abhilfe |
|---|---|---|
| **Mischerfüllgrad** | | |
| zu hoch | zu kurze Mischzeit | Füllung verringern |
| | keine Trombe | |
| | Agglomerate | |
| zu niedrig | zu lange Mischzeit | Füllung erhöhen |
| | Farbprobleme | |
| | Kapazitätsverlust | |
| **Werkzeugdrehzahl** | | |
| zu hoch | Ablagerungen | Riemenscheiben am Antrieb und Mischer wechseln |
| | Agglomerate | |
| | Farbprobleme | |
| | Verschleiß | |
| zu niedrig | Kapazitätsverlust | |
| | zu lange Mischzeit | |
| | Farbprobleme | |

**Tabelle 10:** Fortsetzung

| Fehler | Konsequenz | Abhilfe |
|---|---|---|
| **Heizrate** | | |
| zu hoch | zu kurze Mischzeit | Werkzeug wechseln<br>Drehzahl reduzieren |
| zu niedrig | zu lange Mischzeit | Werkzeug wechseln<br>Drehzahl erhöhen |
| **Endtemperatur im Heißmischer** | | |
| zu hoch | thermische Schädigung des DB, Agglomerate | Endtemperatur senken |
| zu niedrig | inhomogenes DB, schlechtes Rieseln | Endtemperatur anheben |
| **Endtemperatur im Kühlmischer** | | |
| zu hoch | DB verklumpt beim Lagern | Kühlzeit verlängern<br>Kühlung intensivieren |
| zu niedrig | Kondensatbildung | Kühlwasser drosseln |
| **Kühlung** | | |
| zu schnell | inhomogenes DB, DB rieselt schlecht | Kühlwasser drosseln<br>Wassertemperatur erhöhen |
| zu langsam | Kapazitätsverlust | Wassertemperatur senken<br>Kühlung intensivieren |
| **Wassertemperatur** | | |
| zu hoch | zu lange Kühlzeit | Wasserrückkühlung verstärken<br>Wasserdurchfluss erhöhen |
| zu niedrig | zu kurze Kühlzeit<br>Kondensatbildung | Kühlwasserfluss drosseln |

### 4.1.4 Kontrolle am Dryblend

Es ist notwendig, dass die Dryblends vor ihrer Verwendung im Hinblick auf ihre verarbeitungsrelevanten Eigenschaften geprüft werden. Dabei werden ihre Pulvereigenschaften und ihr Verarbeitungsverhalten geprüft. Neuerdings wird auch in einigen Compoundierbetrieben mit Hilfe der Röntgenfluoreszenzanalyse (RFA) der Gehalt an chemischen Elementen relativ genau überprüft. Diese Methode ist sehr einfach anzuwenden, schnell und außerdem zuverlässig; sie erlaubt allerdings nur die Prüfung der Zusammensetzung einer Mischung, über das Verarbeitungsverhalten sagt sie damit nichts aus.

#### 4.1.4.1 Pulvereigenschaften

Die Pulvereigenschaften des Dryblends sind für die Weiterverarbeitung von Bedeutung. Geprüft werden in der Regel die Schüttdichte, das Rieselverhalten und der Gehalt an Grob- bzw. Feinkorn, weil diese Eigenschaften für den Transport, die Lagerung und für das Einzugsverhalten in den Verarbeitungsmaschinen von Bedeutung sind. Außerdem kommt es vor, dass eventuell aus gegebenem Anlass die Reinheit des Dryblends kontrolliert werden muss. Die Prüfung auf Verunreinigungen erfolgt nach der gleichen Methode wie beim PVC-Rohstoff auf einer Schüttelrinne unter einer Lupe.

Die Schüttdichte von PVC-Dryblends liegt meist zwischen 0,6 und 0,7 g/ml, sie sollte für ein bestimmtes Rezept weitgehend konstant sein.

Die Dosierung von Dryblend in die Verarbeitungsmaschinen erfolgt entweder volumetrisch oder gravimetrisch, über Dosierschnecken oder Waagen, oder aus vollem Trichter. Unabhängig davon wird der Plastifizierbereich im Zylinder des Extruders ganz wesentlich vom Füllgrad der Schnecken und von der Schüttdichte des Dryblends bestimmt. Um eine konstante Produktion fahren zu können, ist daher eine konstante Schüttdichte des Dryblends unabdingbar. Ob die Schüttdichte eines Dryblends letztlich näher bei 0,62 oder bei 0,68 g/ml liegt ist dabei weniger bedeutend. Die Verarbeitungsbedingungen werden durch die Parameter wie Dosierung, Schneckendrehzahl, Zylindertemperaturen etc. festgelegt. Wichtig ist jedoch, dass sie immer im gleichen Bereich liegt, damit nicht ständig an den Anlagen nachgeregelt werden muss, um eine konstante Produktion fahren zu können. Allerdings muss hier ergänzt werden, dass eine höhere Schüttdichte im Dryblend die Freiheitsgrade bei der Rezeptgestaltung und Extrusion erheblich vergrößert. Mit Dryblends hoher Schüttdichte kann mehr äußeres Gleitmittel beim Mischen dosiert werden und dennoch eine sichere Plastifizierung erreicht werden. Dieses ist für die Extrusion mit hohem Maschinendurchsatz von Bedeutung, wenn optimale Plastifizierung bei hohem Oberflächenglanz der Endprodukte erreichen werden soll.

Inzwischen werden moderne Plastifiziereinheiten mit gravimetrischer Dosierung des Dryblends oder Granulats von den Maschinenherstellern angeboten. Bei Anlagen mit dieser Vorrichtung werden Schüttdichteabweichungen des Compounds automatisch kompensiert. Ausstoßschwankungen können damit verhindert werden, das Plastifizierproblem bleibt allerdings.

Die Rieselfähigkeit des Dryblends ist ein wesentlicher Faktor für das Einzugsverhalten in die Plastifiziereinheit. Die „trockenen“ Dryblends sollen gut rieseln, nicht vorzeitig unter erhöhter Temperatur auf den Schnecken agglomerieren und sie dürfen nicht im Trichter des Extruders unter Einfluss von Wärme und Druck vorzeitig verbacken.

Grob- und Feinkorn beeinträchtigen oft die Qualität des Endproduktes nachteilig. Grobkorn enthält unter Umständen Agglomerate, die bei Verarbeitung nicht mehr aufgeschlossen werden und dann im Endprodukt Stippen zur Folge haben. Feinkorn (z. B. PVC-Staub) verzögert die Plastifizierung und kann daher auch zu Stippen führen. Außerdem neigt Feinkorn zur Anreicherung an bestimmten Stellen im Förder- und Lagersystem, was beim Leerfahren einer Anlage zu plötzlichem Anstieg des Feinkornanteils mit den daraus resultierenden nachteiligen Konsequenzen führt.

#### 4.1.4.2 Verarbeitungsverhalten

Am einfachsten und sichersten kann man das Verarbeitungsverhalten eines Dryblends auf einer Produktionsmaschine prüfen. Das lässt sich jedoch nur in wenigen Fällen realisieren, da sich in der Regel kein Produzent seine Maschinenkapazität durch Prüfungen beschneiden lassen will. Man hat daher Maschinen und Verfahren entwickelt, die eine „quasi" praxisnahe Prüfung des Verarbeitungsverhaltens gestatten.

Der Laborkneter, auch unter dem Namen „Brabender" bekannt, weil die Firma Brabender in Duisburg einer der bekanntesten Hersteller von solchen Knetern ist, wird bei vielen Verarbeitern auch heute noch zur Kontrolle des Verarbeitungsverhaltens von PVC-Formmassen verwendet. Dabei wird in einer temperierbaren Knetkammer das Dryblend unter definierten und reproduzierbaren Bedingungen plastifiziert. Der Temperaturverlauf in der PVC-Formmasse und der Verlauf des Drehmoments für den Antrieb der Kneterschaufeln werden dabei gemessen und aufgezeichnet. Diese Aufzeichnungen werden nach ihren typischen Merkmalen, wie Gelierzeit, Plastifizierzeit, Verlauf des Drehmoments und der Temperatur in der Formmasse beurteilt. Auf den ersten Blick ist anzunehmen, dass diese Informationen für das Verarbeitungsverhalten des Dryblends kennzeichnend sind. Bedauerlicherweise ist dem nicht so. Man hat inzwischen lernen müssen, dass sich PVC-Formmassen mit fast identischem Kurvenverlauf der Kneteraufzeichnungen im Verarbeitungsverhalten oft deutlich voneinander unterscheiden können. Umgekehrt zeigten PVC-Formmassen mit sehr unterschiedlichem Verhalten im Kneter oft fast identisches Verarbeitungsverhalten im Extruder. Für dieses Phänomen kann keine einleuchtende Erklärung angeboten werden, es ist aber wichtig davon zu wissen, damit man nicht eines Tages in solch eine „Falle" stolpert.

Auf Basis dieses Wissens hat es viele Versuche gegeben, das Verarbeitungsverhalten von PVC-Formmassen auf kleinen Laboranlagen zu prüfen. Genau genommen sind letztlich alle Versuche dazu zum Scheitern verurteilt, weil die Größenverhältnisse zwischen der Korngrößenverteilung im Dryblend einerseits und den Gegebenheiten einer Verarbeitungsmaschine (Schneckeneinzugsvolumen, Verhältnis zwischen Formmasse und Metalloberflächen, Schergeschwindigkeit, Druck, Spalt zwischen Schneckensteg und Zylinderwand, Wärmefluss etc.) andererseits, nicht einfach mit einer kleinen Labormaschine simuliert werden können. Laborextruder (Messextruder) für diese Zwecke werden von verschiedenen Herstellern angeboten. Der Vorteil einer solchen Maschine liegt darin, dass man die Verarbeitung von Compound mit kleinen Mengen unter praxisähnlichen Bedingungen simulieren kann. So ist z. B. die Firma Haake ein bekannter Hersteller für solche Anlagen.

Es soll an dieser Stelle darauf hingewiesen werden, dass Herkunft und Typ eines Messextruders für die Untersuchung an und Überwachung von Dryblends irrelevant sind. Wichtig ist, dass bei Betrieb des Gerätes reproduzierbare und hinsichtlich des zu prüfenden Dryblends qualitativ und quantitativ verarbeitungsrelevante und zuverlässige Informationen gewonnen werden.

Dazu gehören

- Temperaturen im Zylinder, der Düse und in der Schmelze,
- das Drehmoment an den Schnecken,
- der Druck in der Schmelze,
- der Rückdruck auf das Schneckenlager,
- die Schneckendrehzahl und der Durchsatz.

### 4.1.5 Granulate

In Europa wird die überwiegende Menge des PVC aus Dryblend (Pulver) verarbeitet. Die Vorteile der Dryblend-Verarbeitung liegen in seiner einfacheren Herstellung und der geringeren thermischen Belastung der Formmasse im Vergleich zum Granulat. Dennoch werden heute noch etwa 20 % des PVC – mit zunehmender Tendenz – aus den unterschiedlichsten Gründen für ihre Weiterverarbeitung granuliert. Bevorzugt werden spezielle Granulate für relativ kleine Anwendungen auf kleinen Einschneckenextrudern oder Beistellextrudern eingesetzt. Da sind medizinische Schläuche, Blutbeutel, Kleinprofile, Kleinteile in der Medizintechnik, Rohlinge für Hohlkörper und im Beistellextruder für die Coextrusion. In einigen wenigen Fällen werden Fensterprofile, Rohre und vor allem Spritzgussteile erfolgreich aus Granulat hergestellt. Seit einigen Jahren werden Brandschutzmittel (Aluminium-Trihydroxid = ATH) in Kabelmassen über das Granulat auf Knetern eingearbeitet. Holzmehl und Naturfasern werden in Mengen von bis zu 40 % in PVC-P-Rezepten in speziellen Knetern vermengt und granuliert. Große Mengen von Regenerat und Rezyklat werden inzwischen für die Wiederverwendung granuliert. Die technischen Vorteile der Granulatverarbeitung liegen auf der Hand. Granulate haben im Vergleich zum Dryblend eine höhere Schüttdichte, das geförderte Volumen pro Schneckendrehzahl in der Maschine ist deutlich größer, die Kompression wirkt sich damit stärker aus, die Plastifizierung der Formmasse ist intensiver. Granulate kann man auch mit Einschnecken-Extrudern zu brauchbaren Profilen und Rohren verarbeiten. Viele Füllstoffe lassen sich nur über die Stufe der Granulierung für die Weiterverarbeitung in das PVC homogen inkorporieren.

Granulate sind im Handling (Fördern, Lagern) weniger problematisch und sie sind sehr staubarm. Der Nachteil der Granulatverarbeitung liegt im höheren Aufwand (= Preis) für ihre Herstellung.

#### 4.1.5.1 Granulatherstellung

Grundsätzlich wird Granulat aus dem Dryblend hergestellt. Dabei gilt, dass die Qualität des Dryblends entscheidenden Einfluss auf die Qualität des Granulates hat. Viele Versuche, für die Granulatherstellung einfacher hergestelltes Dryblend (z. B. durch Doublebatching oder kontinuierlich) zu verwenden sind bis heute fehlgeschlagen. Nur sachgemäß hergestelltes Dryblend kann zu einwandfrei verarbeitbarem Granulat kompaktiert werden. Geeignete Kompaktiereinheiten für die Herstellung von Granulat sind:

- Doppelschneckenextruder (gegenläufig und gleichsinnig drehend),
- Zweischneckenkneter mit Austragschnecke (ZSK),
- Ko-Kneter (Buss/quantec),
- Planetwalzenextruder.

Für die Weiterverarbeitung des Granulates werden neben dem Rezept noch weitere Informationen um seine Beschaffenheit benötigt. Das sind:

- der Geliergrad,
- Heiß- oder Kaltabschlag,
- Granulatgeometrie/Schüttdichte.

#### 4.1.5.2 Der Geliergrad

Der Geliergrad von PVC-Formmassen wird in Prozent ausgedrückt als der Quotient aus der aktuellen Gelierung dividiert durch die höchstmögliche Gelierung.

Die PVC-Rohstoffe sind bekanntlich aus Primär-, Sekundär-und Tertiärteilchen aufgebaut. Die Tertiär- und Sekundärteilchen sollen bei Verarbeitung des PVC alle aufgeschlossen werden. Die Primärteilchen können mehr oder weniger aufgeschlossen im Endprodukt vorliegen. Solch einen „Schmelze-Zustand“, wenn flüssige und feste Phase einer Substanz nebeneinander vorliegen, nennt man „Solidus-Liquidus-Intervall“. Heute benutzt man z. B. in der Metallurgie diesen Zustand, um hochfeste Metalle oder Legierungen herzustellen, oder eben für schlagzähes PVC.

In hochtransparenten Sn-stabilisierten Hart-PVC-Formmassen (PVC-U) sind, ebenso wie beim Weich-PVC (PVC-P), alle Teilchen vollständig aufgeschlossen (geliert). Beim pigmentierten Hart-PVC dagegen sollen noch Primärteilchen in der PVC-Formmasse eingebettet sein. Diese erhöhen dann die Schlagzähigkeit der PVC-U-Formmassen. PVC-P-Formmassen dagegen werden in der Regel gut durchgeliert. Sind alle Primärteilchen geliert, spricht man von einem hohen Geliergrad. Der Geliergrad von PVC-Formmassen ist aber auch mitentscheidend für die bei der Verarbeitung des Granulates aufzuwendende Energie. Eine Faustregel besagt, dass die zum Aufschmelzen der Formmasse benötigte Energie (Entropie und Enthalpie) für Dryblend niedriger ist als die für Granulat, da die Entropie (Ordnungszustand: „Halte Ordnung, hüte sie, denn klein ist ihre Entropie“!) im normal ausgekühlten Granulat niedriger ist als im Dryblend. Weiterhin muss beim Verarbeiten von Granulat mindestens die Temperatur erreicht werden, bei der das Granulat hergestellt wurde. Messen kann man den Geliergrad im Handversuch, indem man einzelne Granulatkörner im Reagenzglas in trockenem Aceton anquellen lässt. Ein korrekt komprimiertes Granulat wird schnell angelöst und zerfällt in der Acetonlösung, die dadurch trüb wird; ein zu stark geliertes Granulat quillt lediglich an, ohne vom Aceton in kurzer Zeit an- oder aufgelöst zu werden. Diese Methode ist nicht sehr genau, sie kann jedoch schnell und ohne apparativen Aufwand laufend durchgeführt werden.

Genauer bestimmen kann man den Geliergrad mit Hilfe der Differential Scanning Calorimetrie (DSC). Mit diesem Verfahren lässt sich der Geliergrad von Formmassen und von Granulaten sehr genau bestimmen.

Eine andere Methode zur Bestimmung des Geliergrades ist die MFI-Messung im Kapillarviskosimeter.

Die beiden zuletzt genannten Methoden sind sowohl in apparativer als auch in zeitlicher Hinsicht aufwendig; für eine produktionsbegleitende Prüfung bietet sich daher der „Schnelltest“ in Aceton an; er reicht für eine Beurteilung des Geliergrades im Hinblick auf das Verarbeitungsverhalten in der Regel aus.

#### 4.1.5.3 Heiß- und Kaltabschlag

Die „thermische Vorgeschichte“ eines Granulates wirkt sich unmittelbar auf sein Verarbeitungsverhalten aus. Dazu gehört auch die Art seiner Abkühlung nach Verlassen der Granuliermaschine.

Beim so genannten Heißabschlag wird die agglomerierte oder plastifizierte Formmasse durch eine Lochplatte gedrückt und mit einem Messer abgeschlagen. Der Durchmesser der Granulatkörner richtet sich nach der Größe der Löcher in der Platte; ihre Länge nach der Geschwindigkeit der Schmelze beim Durchtritt durch die Platte und nach der Rotationsgeschwindigkeit des Messers. Die Kühlung des so entstandenen Granulates erfolgt mit der Förderluft, d. h. sehr langsam im Vergleich zu dem später beschriebenen Kaltabschlag.

Das ideale Heißabschlaggranulat für die Herstellung von PVC-U-Halbzeug wäre ein komprimiertes Agglomerat mit plastifizierter, dünner Außenhaut, welches in der Verarbeitungsanlage in den ersten Schneckengängen aufbricht. So hätte man die energetischen Vorteile der Dryblend-Verarbeitung gekoppelt mit der günstigen Handhabung von Granulat.

Beim Kaltabschlag wird die Formmasse in einer Düse zu Rund- oder Vierecksträngen verformt. Diese Stränge werden im Wasserbad schnell abgeschreckt und nach dem Abkühlen in einem Granulator in kurze Stücke zerkleinert. Werden die Granulatkörner direkt nach dem Heißabschlag mit kaltem Wasser gekühlt und gefördert, hat man eine Kombination von Heiß- und Kaltabschlag mit den Vorzügen des Kaltabschlags bei der Weiterverarbeitung. Durch diesen Abschreckvorgang erhält man quasi eine unterkühlte Schmelze, deren Aufschluss weniger Energie benötigt als ein vergleichbar geliertes luftgekühltes Heißabschlaggranulat.

### 4.1.6 Prozess-Steuerung und -Überwachung

Die mechanischen und geometrischen Gegebenheiten einer Plastifiziereinheit sind vorgegeben und in der Regel werden sie während der Granulierung von PVC-Dryblend nicht verändert. Während des Prozesses variabel sind jedoch die Temperaturen an der Granuliervorrichtung, der Füllgrad der Schnecken und ihre Drehzahl. Zur Herstellung eines Granulates mit konstantem Verarbeitungsverhalten müssen diese Variablen genau gesteuert und überwacht werden. Die Soll- und Ist-Temperaturen und die Schneckendrehzahl sind problemlos zu überwachen; der Füllgrad der Schnecken kann über das Schneckendrehmoment oder die Leistungsaufnahme am Antriebsmotor kontrolliert werden. Diese Daten müssen zur Sicherung der Qualität kontinuierlich mitgeschrieben werden. Regelmäßige Probenahme am Granulierkopf zur Kontrolle des Granulates sind zweckmäßig.

### 4.1.7 Kontrollen am Granulat

Unter der Voraussetzung, dass die Compoundierung des Dryblend im Hinblick auf das Rezept und die Verfahrensparameter korrekt verlief, können die Kontrollen am Granulat auf das Erscheinungsbild des Granulates und seinen Geliergrad beschränkt werden.

Die Kontrolle des Geliergrades wurde bereits beschrieben; sie sollte produktionsbegleitend nach der für den jeweiligen Fall zweckmäßigsten Methode durchgeführt werden. Die einzelnen Granulatkörner sollen eine einheitliche Größe haben. „Kettenbildung", d. h., das Zusammenhaften mehrerer Granulatkörner (kommt nur bei Heißabschlag und meist bei PVC-P-Granulaten vor) ist unbedingt zu vermeiden, da solche Granulatketten zu Förder- und Einzugsproblemen führen können.

Die Schüttdichte des Granulates sollte konstant sein. Das Verarbeitungsverhalten der Granulate wird nach den gleichen Kriterien und mit den gleichen Mitteln wie beim Dryblend durchgeführt.

### 4.1.8 PVC-Pasten

Pasten sind Mischungen von PVC, Hilfsstoffen und Weichmachern. In dieser Mischung ist der Weichmacher die kontinuierliche Phase, PVC und die in Weichmacher unlöslichen Additive sind die disperse Phase. Man kennt bei den Pasten die „Plastisole" – das sind Gemische von PVC, Additiv und Weichmachern, gegebenenfalls in Abmischung mit Extendern zur Beeinflussung der Pastenviskosität – und die „Organosole", welche neben PVC, den Additiven und Weichmachern zusätzlich größere Mengen an flüchtigen Verdünnungsmitteln (Benzin oder Glykole) zur Reduzierung der Viskosität enthalten. Diese Produkte finden vorwiegend im Lack- und Anstrichsektor Verwendung (Tabelle 11).

Die Fließfähigkeit der Pasten wird in der Regel mit einfachen Rotationsviskosimetern geprüft; ihre Qualität kann anhand eines einfachen Gelierversuches überwacht werden. Die Fließfähigkeit (Viskosität) wird dabei weitgehend von der Kornstruktur (porös oder geschlossen) und der Korngrößenverteilung des PVC, von der Weichmacherart und -menge und von den Extendern bestimmt.

Eine Besonderheit sind die „Plastigele", die durch hohe Zusätze von kolloidaler Kieselsäure und/oder Metallseifen in einen gelartigen, knetbaren Zustand gebracht wurden. Verwendet man polymerisierbare Weichmacher, wie z. B. monomere Glykolmethacrylate, erhält man beim Ausgelieren der Pasten durch Polymerisation des Glykolmethacrylates Produkte mit erhöhter Härte bis zum Niveau von PVC-U.

**Tabelle 11:** Schematische Unterteilung von PVC-Pasten
(aus: Becker/Braun: Kunststoffhandbuch 2/2 Polyvinylchlorid, Carl Hanser Verlag)

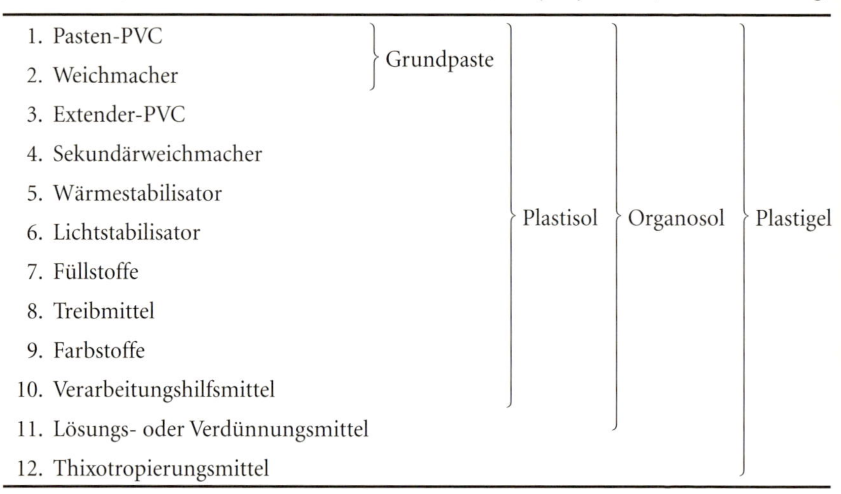

<table>
<tr><td>1. Pasten-PVC</td><td rowspan="2">Grundpaste</td><td rowspan="10">Plastisol</td><td rowspan="11">Organosol</td><td rowspan="12">Plastigel</td></tr>
<tr><td>2. Weichmacher</td></tr>
<tr><td>3. Extender-PVC</td><td></td></tr>
<tr><td>4. Sekundärweichmacher</td><td></td></tr>
<tr><td>5. Wärmestabilisator</td><td></td></tr>
<tr><td>6. Lichtstabilisator</td><td></td></tr>
<tr><td>7. Füllstoffe</td><td></td></tr>
<tr><td>8. Treibmittel</td><td></td></tr>
<tr><td>9. Farbstoffe</td><td></td></tr>
<tr><td>10. Verarbeitungshilfsmittel</td><td></td></tr>
<tr><td>11. Lösungs- oder Verdünnungsmittel</td><td></td><td></td></tr>
<tr><td>12. Thixotropierungsmittel</td><td></td><td></td><td></td></tr>
</table>

Die PVC-Pasten werden je nach Anwendungsfall in schnell oder langsam laufenden Innenmischern hergestellt. Wichtig ist, dass die Mischungen dabei nicht zu warm werden, da manche Pasten bereits bei Temperaturen über 40 °C zu gelieren beginnen. Nach dem Mischen werden die Pasten entlüftet und filtriert. Diese Pasten werden im Streich-, Gieß-, Tauch-, Spritz- oder Siebdruckverfahren verarbeitet.

### 4.1.9 Anfahr-, Reinigungs- und Einfriermischung, „Exrein"

Hinter diesen Begriffen verbirgt sich ein verarbeitungsfertiges Compound mit besonderen Eigenschaften. Wenn ein Extruder oder eine Spritzgießmaschine zu Reinigungs- oder Reparaturzwecken abgestellt wird, kann der Zylinder leer gefahren werden. Im Kopf der Maschine und in der Düse verbleibt – je nach Größe des Aggregates – eine erhebliche Menge plastifizierter Formmasse mit einer Temperatur von 180 bis 200 °C. Bevor diese Teile gereinigt werden, vergehen oft mehrere Stunden. Normal stabilisiertes PVC ist in dieser Zeit oft schon thermisch so stark geschädigt, dass es zu HCl-Emissionen kommen kann. Daher, und aus weiter unten erläuterten Gründen, wird vor dem Abstellen eines Extruders eine besondere Formmasse in den Trichter gefüllt und bis durch die Düse transportiert.

Diese Formmasse ist

- hochstabilisiert,
- in der Schmelze besonders elastisch,
- leichtfließend und
- in der Farbe leicht erkennbar.

Die hohe Stabilisierung erreicht man mit einer großen Menge Stabilisator, z. B. ca. 6 phr Pb-Stabilisator. Dafür verwendet man in der Regel basisches Pb-Sulfat oder basisches Pb-Phosphit oder ein Gemisch von beiden. Das leichte Fließen, auch bei relativ niedrigen Schmelzetemperaturen und die Elastizität der Schmelze wird durch einen Zusatz von etwa 10 phr eines speziellen Weichmachers (s. u.) im Rezept erreicht. Durch Verwendung geringer Mengen eines speziellen Blaupigments ist leicht zu erkennen, wann das Material und mit welcher Farbe aus der Düse der Verarbeitungsmaschine tritt. Ein Umschlagen des Farbtons von blau nach grün zeigt, dass das PVC durch die thermische Belastung bereits gelb verfärbt ist.

Bei Demontage der Düsen und Lochplatten und Spritzgussformen müssen diese noch heiß sein, damit die Schmelze aus den Fließkanälen entfernt werden kann. Es ist dabei vorteilhaft, wenn die PVC-Formmasse, auch bei relativ niedrigen Temperaturen, eine hohe Elastizität und Dehnfähigkeit hat, damit sie ohne Abriss aus den Fließkanälen gezogen werden kann. Dieses erreicht man durch den Zusatz von Weichmachern. Verwendet man statt eines Standardweichmachers, wie z. B. DOP (Palatinol® AH), ein epoxidiertes Sojabohnenöl (z. B. Edenol® D 81), dann erreicht man neben dem Effekt der „Weichmachung“ auch noch eine Erhöhung der Thermostabilität.

Bei Verwendung von nur 10 phr Weichmacher im Rezept kann man noch nicht von Weich-PVC (PVC-P) sprechen, vielmehr ist die abgekühlte Formmasse ausgesprochen spröde. Der geringe Weichmacher-Gehalt hat jedoch den Effekt, dass Ablagerungen im Zylinder und der Düse, welche nicht zu dick sind, oftmals noch „herausgewaschen“ werden können, wenn man rechtzeitig einige Kilogramm dieser Spezialmischung durch die Verarbeitungsmaschine extrudiert. Daher rührt auch der Name „Exrein“.

Will man einen Extruder oder eine Spritzgussmaschine für ein paar Stunden oder Tage, z. B. übers Wochenende, außer Betrieb nehmen, kann man mit dieser Mischung viel Arbeit sparen. Beim Stilllegen der Maschine werden zunächst die Heizungen am Zylinder und der Düse abgestellt und die Einfriermischung wird gefahren. Erst wenn die Düse sauber gespült ist, d. h., wenn sie nur noch Einfriermischung enthält, wird der Zylinder leer gefahren und der Maschinenantrieb abgestellt. Beim erneuten Anfahren werden Düse und Zylinder wie üblich aufgeheizt und der Extruder wird mit Einfriermischung erneut angefahren. Die hohe Thermostabilität der Mischung verhindert ein Verbrennen der PVC-Formmasse in der Düse und das gute Fließverhalten erleichtert den Anfahrvorgang enorm. Sobald die neue Anfahrmischung das Werkzeug gespült hat, kann die Produktion mit normaler PVC-Mischung fortgesetzt werden. Auf diese Weise kann die zeitaufwendige Demontage, Reinigung und erneute Montage der Düse umgangen werden.

***Richtrezept für eine Anfahrmischung (Beispiel):***

*100 Teile S-PVC, K-Wert 68*
*10 Teile Weichmacher, z. B. ESO Edenol® D 81*
*6 Teile 2-bas. Pb-Phosphit*
*1,5 Teile bas. Pb-Stearat*
*0,5 Teile Stabiol® Ca 580 I oder Ca-Stearat*
*0,3 Teile Loxiol® G 20*
*0,05 Teile Euvinylblau®*

Um das „Handling“ im Betrieb zu erleichtern, wird dieses Material meist als Granulat verwendet und steht daher in jedem Betrieb für „den Fall“ griffbereit in der Nähe der Verarbeitungsmaschinen.

Als Novität wird auf diesem Sektor inzwischen eine PVC-freie Einfriermischung angeboten. Diese besteht im Wesentlichen aus Acrylatpolymeren, Gleitmittel und einem speziellen Füllstoff. Ob sich diese Mischung im Markt trotz ihres relativ hohen Preises im Vergleich zur PVC-Einfriermischung durchsetzen kann, wird sich erst noch zeigen; immerhin hat sie gegenüber der PVC-Einfriermischung den Vorteil, dass sie mehrfach verwendet werden kann, wenn sie nicht durch PVC-Reste kontaminiert ist.

### 4.1.10 Bewertung der Prüfergebnisse

Die Ermittlung von Prüfergebnissen, ihre Dokumentation und Ablage ist eine Sache und auch im Sinne eines Qualitätsmanagements notwendig. Der sinnvolle Umgang mit den Prüfergebnissen ist eine andere Sache.

Bevor man den jeweiligen Zahlen Glauben schenkt, sollte man sich vergegenwärtigen, dass Menschen, die mit Prüfungen betraut sind, unterschiedliche „Tagesform“ haben und dass auch Prüfmaschinen ihr „Eigenleben“ führen. Mit anderen Worten, eine strenge Zahlengläubigkeit führt hier nicht zum Ziel. Tendenzen, die über größere Zeiträume beobachtet werden, sind sicher beachtenswert und ggf. alarmierend; abrupte, deutliche Änderungen eines Messwertniveaus sind immer alarmierend. Abweichungen im Drehmoment in der Größenordnung von 10 % dürfen ignoriert werden; Abweichungen bei der Wärmeformbeständigkeit um mehr als 2 °C (je nach Ausgangsniveau sind das ca. 2,5 %) sind dagegen ein sicheres Indiz für eine Rezeptabweichung und daher ebenfalls alarmierend.

Der Umgang mit Messwerten erfordert daher Verständnis um die Bedeutung des gemessenen Wertes und Augenmaß bzw. Erfahrung im Umgang mit Abweichungen.

Bei Prüfungen am Dryblend und Granulat können die folgenden Informationen hilfreich sein.

*Pulvereigenschaften:*

- Schüttdichte,
- Rieselfähigkeit,
- Agglomerate,
- Feuchtigkeit,
- Verschmutzung.

*Granulateigenschaften:*

- Schüttdichte,
- Granulatkorngröße,
- Geliergrad,
- Förder- und Rieselverhalten.

*Pasten, Plastisole, Organosole*

- Viskosität,
- Lagerstabilität,
- Gelierverhalten.

*Verarbeitungsverhalten:*

- Verhalten im Messkneter,
- Verhalten im Messextruder,
- Verhalten im Viskosimeter,
- Aussehen des Endproduktes (Stippen, Blasen etc.),

- Farbe des Endproduktes,
- mechanische Eigenschaften,
- optische Eigenschaften.

Die Gewichtung der einzelnen Messwerte ist von dem jeweiligen Anwendungsfall, der Sensibilität der Verarbeitungsmaschinen, der Sensibilität der Qualitätskontrolle und den Prioritäten für die Weiterverarbeitung abhängig zu machen.

## 4.2 Mastercompounds

Als Mastercompounds bezeichnet man solche Hilfsstoffgemische, die alle Additive, die für die Verarbeitung von PVC notwendig sind, enthalten. Dazu gehören neben den Stabilisatoren, Costabilisatoren und Gleitmitteln auch Pigmente und Füllstoffe und gegebenenfalls die Polymeren zur Verbesserung des Fließ- und Plastifizierverhaltens und der Schlagzähigkeit. Nicht dazu gehören die Weichmacher und andere Flüssigkomponenten, die mit mehr als 3 phr zum Rezept dosiert werden, da diese zu unerwünschten Verklumpungen und Agglomerationen führen können. Für den Verarbeiter ist die Verwendung von sachgemäß hergestelltem Mastercompound sehr praktisch. Dosier- und Dispergierprobleme treten nicht mehr auf; Disposition und Lagerhaltung der Additive werden auf einen Stoff reduziert. Die Herstellung der Mastercompounds birgt allerdings sowohl im Hinblick auf die ausgewählten Komponenten als auch auf den Herstellprozess einige Fallen.

Einige Additive, die für die PVC-Verarbeitung benötigt werden, schmelzen bereits bei Temperaturen weit unter 100 °C. Manche Komponenten im Mastercompound neigen zu Agglomeratbildung mit solch früh aufschmelzenden Substanzen. Viele Agglomerate werden im späteren Misch- und/oder Extrusionsprozess mit PVC nicht mehr aufgeschlossen. Agglomerate sind gefährlich, sie entziehen der Formmasse wesentliche Hilfsstoffe und sie führen zu Stippen im Halbzeug und in den Fertigteilen. So führten z. B. bei einem Extrudeur Agglomerate von Pigmentpräparation dazu, dass auf den Profilen beim Verlassen der Extruderdüse blaue Streifen auf den Profiloberflächen auftraten.

Die Kunst des Herstellens von Mastercompounds besteht darin, das Gemenge der Additive in eine gut dosierbare, staubarme Form zu bringen, aus der heraus das Additivgemisch beim PVC-Mischprozess schnell und vollständig dispergierbar ist. Dabei ist das Zusammenspiel der Einzelkomponenten in dem Gemisch oft von eminenter Bedeutung, wie an einem vor einigen Jahren bekannt gewordenen Beispiel belegt werden soll. Eine bekannte Fließhilfe war als Plastifizier- und Fließhilfe bei einem großen PVC-Fensterprofilhersteller vorgestellt und freigegeben worden.

Im Rahmen der Rationalisierung der Produktion wurde bei dem Profilextrudeur das Additivkonzept auf Mastercompounds umgestellt. Bei der Herstellung dieses Mastercompounds reagierte diese Fließhilfe mit dem im Rezept verwendeten Chelator derart, dass das Compound beim Mischen spontan verklumpte und im Mischer nur noch „bergmännisch abgebaut" werden konnte. Mit dem bis dahin verwendeten Flow-Modifier war ein solches Problem niemals aufgetreten.

Im Labor konnte diese Erscheinung mühelos nachgestellt werden und man kam zu der Erkenntnis, dass die bekannte Fließhilfe als sprühgetrocknetes E-Polymerisat – offenbar aufgrund seines Emulgatorgehaltes – mit dem Chelator (Aryl-alkylphosphit) völlig anders reagierte als das gefällte und damit emulgatorarme E-Polymerisat, welches bis dahin eingesetzt worden war.

Inzwischen verfolgen die Hersteller von Mastercompounds, je nach Wunsch des Kunden und den technischen Möglichkeiten, zwei Wege:

- Vermengen der Additivkomponenten auf kaltem Wege und Abpacken in „mischergerechter" Größe, oder
- schonendes Mischen und Kompaktieren des Gemenges der Additivkomponenten, damit diese beim Verarbeiter sauber dosiert werden können und dennoch beim Mischprozess schnell aufschmelzen.

Beide Wege führen, je nach Auslegung der Mischanlage beim PVC-Verarbeiter, zum gewünschten Ziel: Eine optimale Dosierung und Dispergierung der Additive beim Mischprozess.

## 4.3 Konsequenzen einer Rezeptänderung

Bei Beschreibung der Hilfsstoffe wurde versucht, das komplizierte Zusammenspiel der Additive im PVC-Rezept ein wenig zu beleuchten. Es gibt kein Lehrbuch, in dem diese Zusammenhänge übersichtlich dargestellt werden, weil die Richtung und Größe von Einflüssen der verschiedenen Additive stets von Art und Menge der anderen Rezeptbestandteile abhängen. Daher ist es auch nicht möglich, ein universell anwendbares Konzept für Rezeptgestaltung und -änderungen zu erstellen. Es soll hier jedoch deutlich gemacht werden, dass jede Änderung am Verarbeitungsrezept eine Fülle von Konsequenzen an den unterschiedlichen Stellen des Produktionsprozesses nach sich ziehen kann:

*Konsequenzen beim Dryblend:*

- Schüttdichte,
- Riesel- und Einzugsverhalten.

*Konsequenzen bei Pasten:*

- Viskosität und Streichverhalten,
- Schaumdichte und -struktur.

*Konsequenzen beim Verarbeitungsverhalten:*

- Leistungsaufnahme der Maschine,
- Maschinendurchsatz,
- Plastifizierung,
- Gleitverhalten im Werkzeug,
- Pfropfen- oder Laminarströmung,
- Quellverhalten,
- Gleit- und Schrumpfverhalten im Kaliber,
- Plate-out-verhalten.

*Konsequenzen bei den Halbzeugeigenschaften:*

- physikalische Eigenschaften,
- Farbe,
- Geometrie,
- Schrumpf,
- Oberflächenglanz, Streifen, Schlieren, Stippen,
- Bewitterungsverhalten,
- Bedruckbarkeit,
- Schweißverhalten,
- Schaumdichte.

*Sonstige Konsequenzen:*

- Rezeptkosten,
- Standzeit von Schnecken, Zylindern und Werkzeugen,
- Energiekosten,

- gesamte Produktionskosten,
- Ausschuss,
- Reklamationen.

Hinzu kommen noch schwer fassbare Hinweise der Verarbeiter wie z. B.:

- das Profil hat einen „trockeneren“ Griff,
- das Profil verstaubt schneller,
- der Oberflächenglanz ist zu stumpf oder zu „speckig“,
- das Kabel lässt sich schlechter einziehen,
- der Schaum riecht anders,
- die Schuhsohle hält nicht mehr so lange usw.

Es ist nicht so, dass jede Rezeptänderung sofort merkliche Konsequenzen nach sich zieht, es sollte aber in jedem Falle beachtet werden, dass Konsequenzen möglicherweise erst nach vielen Stunden, Tagen oder Wochen sichtbar oder vom Kunden bemerkt werden. Daher sind alle Variationen am bewährten Verarbeitungsrezept behutsam und mit viel „Fingerspitzengefühl“ vorzunehmen. Von Rezeptänderungen, die nicht sehr gründlich überprüft wurden, sollte man besser Abstand nehmen.

# 5 Verarbeitungsverfahren für PVC

## 5.1 Die Extrusion

Das Strangpressverfahren, im Allgemeinen „Extrusion“ genannt, besteht im Wesentlichen darin, dass aus einem PVC-Compound (Granulat oder Dryblend) unter Zufuhr von Wärme, Druck und mechanischer Energie ein homogener Schmelzestrang erzeugt wird, welcher durch eine formgebende Düse gepresst und dann unter formerhaltendem Zwang abgekühlt wird. Auf diese Weise kann man Rohre, Profile, Platten und Folien herstellen. Die den Schmelzestrang erzeugende Einheit ist der Extruder, die Formgebung erfolgt in der Düse und die Abkühlung – außer bei Folien und Platten – im Kaliber. Düse und Kaliber nennt man auch „die Werkzeuge“. Folien und Platten werden in der Regel auf Kühlwalzen (Chill-Roll-Verfahren) abgekühlt.

Eine Produktionslinie für die Extrusion besteht immer aus Extruder, Werkzeug, Kalibrier-Kühleinheit auf dem Kalibriertisch mit Vakuumpumpen, Abzug, Säge und Ablegevorrichtung (Bild 9).

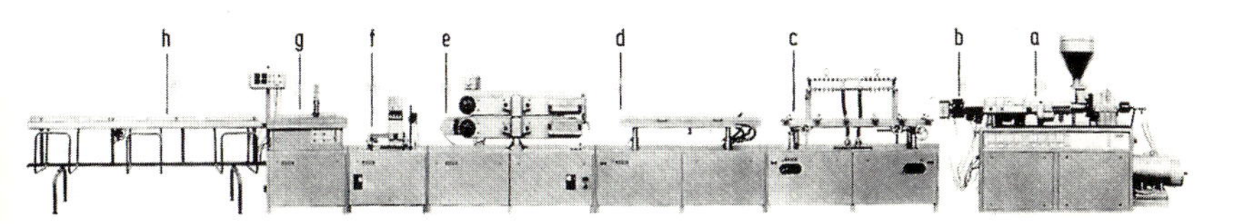


**Bild 9:** Extrusionsanlage für die Profilherstellung (Werkfoto: Ide, Ostfildern)
a: Extruder, b: Werkzeug, c: Kalibriertisch, d: Kühlstrecke, e: Abzug, f: Stanzvorrichtung, g: Säge, h: Kipprinne
(aus: Becker/Braun: Kunststoffhandbuch 2/2 Polyvinylchlorid, Carl Hanser Verlag)

### 5.1.1 Die Extruder

Wie bereits eingangs erläutert besteht die Aufgabe eines Extruders darin, das PVC-Compound zu fördern und durch Zufuhr von Wärme und Friktion in eine homogene Schmelze zu überführen. Bei den mit gegenläufigen Schnecken ausgerüsteten Doppelschneckenextrudern (DS-) für die PVC-Verarbeitung überwiegt die Energiezufuhr durch die Schnecken. Etwa 65 % der Energie werden über den Antrieb und damit über die Schnecken zugeführt, nur etwa ein Drittel über die Heizungen.

Der Extruder wird hinsichtlich seiner Durchsatzleistung auf den angestrebten Durchsatz abgestimmt. Durchsatzleistungen von 300 bis 1000 kg/h, das entspricht je nach dem Gewicht des Produktes etwa einer Abzuggeschwindigkeit von 3 bis 5 m/min, sind heute Stand der Technik. Es ist aber auch schon ein Trend zu höherem Maschinendurchsatz, was – je nach Profilgewicht – einer Abzuggeschwindigkeit von bis zu 10 m/min (z. B. im Doppelstrang) entsprechen würde, zu beobachten. Dabei sollte die Schneckendrehzahl möglichst niedrig sein (Schneckenumfanggeschwindigkeit ≤ 0,11 m/s), damit lokale Überhitzungen der Schmelze durch Friktion vermieden werden. Die Temperatur der Schmelze soll bei hohem Druck (150 bis 300 bar), der eine gute Plastifizierung der PVC-Formmasse ermöglicht, in einem Bereich von ca. 185 bis 200 °C liegen. Die Viskosität der PVC-Schmelze sollte so niedrig sein, dass eine korrekte Ausformung in der Düse möglich ist, und immer noch so hoch, dass die „Schmelze" im Einlauf des ersten Kalibers eine ausreichende „Steifigkeit" hat.

Extruder mit zylindrischen 4-Zonen-Schnecken, einem Schneckendurchmesser von 100 bis 200 mm und einer Schneckenlänge von bis 27 D erfüllen heute diese Anforderungen. In der Leistung vergleichbare Extruder mit konischen bzw. doppeltkonischen Schnecken sind in diesem Sektor ebenfalls vertreten. Diese Schnecken haben Durchmesserverhältnisse von $D_{max} : D_{min}$ von 2:1 bis 1,6:1; ihre Länge beträgt in der Regel 13 bis 15 $D_{max}$.

Alle Doppelschneckenextruder sind mit einem Entgasungsdom – in der Regel zwischen der zweiten und der dritten Zylinderheizzone – ausgerüstet, über den die agglomerierte aber noch nicht durchplastifizierte PVC-Formmasse weitgehend von flüchtigen Bestandteilen befreit werden kann.

Die Konzeption der Schnecken (Geometrie: Schneckenlänge L, Schneckendurchmesser D, Anzahl der Zonen, Kompressionsverhältnis, Scherzonen, L/D-Verhältnis etc.) ist für die Verarbeitungscharakteristik eines Extruders maßgeblich.

Die Dryblend- oder Granulatzuführung erfolgt über den Extrudertrichter. Maschinen mit zylindrischen Schnecken wurden früher nur mit vollem Trichter gefahren, dadurch wurde pro Schneckenumdrehung ein konstantes Volumen in die Maschine eingezogen. Konische Maschinen werden seit jeher mit einer Dosiervorrichtung betrieben; damit kann der Maschinendurchsatz pro Schneckenumdrehung separat geregelt werden. Seit Jahren geht der Trend ganz deutlich dahin, dass auch zylindrische Extruder mit gravimetrisch dosierenden Einheiten ausgerüstet werden, damit der Maschinendurchsatz, unabhängig von der Schüttdichte des Compounds, genau geregelt und überwacht werden kann.

An Verfahrenseinheiten für die Herstellung von hochwertigen Rohren, Profilen, Platten und Folien werden besonders hohe Anforderungen gestellt:

- Es wird größter Wert auf konstante Verarbeitungsbedingungen gelegt, der Extruder muss in einem mechanisch und thermodynamisch absolut stabilen Bereich arbeiten.
- Die PVC-Formmasse muss unter möglichst schonenden Bedingungen optimal aufgeschlossen werden.
- Die Konzeption von Antrieb, Getriebe und Schnecken muss bei langer Lebensdauer auf hohe Leistungsaufnahme und hohen Schmelzedruck ausgelegt sein.
- Der Verschleiß an Schnecken und Zylindern soll möglichst gering sein.
- Die so genannten peripheren Einheiten (Heizung, Kühlung, Entgasung) müssen sicher und möglichst wartungsarm funktionieren.

Man muss berücksichtigen, dass heute etwa die Hälfte aller Extruder technisch veraltet ist und dass diese daher nicht mehr alle aktuellen Anforderungen erfüllen können. Es ist jedoch für die Qualität eines Rohrs, Profils oder einer Platte nicht entscheidend, ob die PVC-Formmasse mit zylindrischen oder konischen Schnecken, auf älteren oder modernen Anlagen plastifiziert wurde. Wichtig für den Hersteller ist, dass im Extruder eine gut homogenisierte PVC-Schmelze in ausreichender Menge und gewünschter Qualität pro Zeiteinheit erzeugt und der Düse zugeführt wird.

### 5.1.2 Die Werkzeuge

Zu den Werkzeugen zählt man die Düsen und die Kalibriereinheiten. Bevor das plastifizierte PVC in die Düse einläuft, passiert es zur Beruhigung und Egalisierung des Schmelzestromes und zum Druckaufbau gegen die Schneckenspitzen entweder eine Platte mit Löchern bestimmter Größe (Lochscheibe) oder eine Fließwegverengung (Wespentaille) (Bild 10).

In der Düse wird die vom Extruder kommende homogene PVC-Schmelze über den gesamten Querschnitt gleichmäßig verteilt und in die gewünschte Form umgeformt. Dabei müssen die Fließkanäle so konzipiert sein, dass die plastische PVC-Formmasse über die gesamte Querschnittsöffnung mit gleicher Geschwindigkeit austritt („Pfropfenströmung"). Die Verweilzeit in der Düse sollte, um die thermische Belastung der PVC-Schmelze möglichst gering zu halten, so kurz und gleichmäßig wie möglich sein. Eine ausreichend lange Parallelführung der Schmelzekanäle vor Austritt aus der Düse (Bügelzone) bewirkt eine gute Verschweißung der Schmelzeströme, einen gleichmäßig ruhigen Fluss und glatte Oberflächen des austretenden Materialstranges.

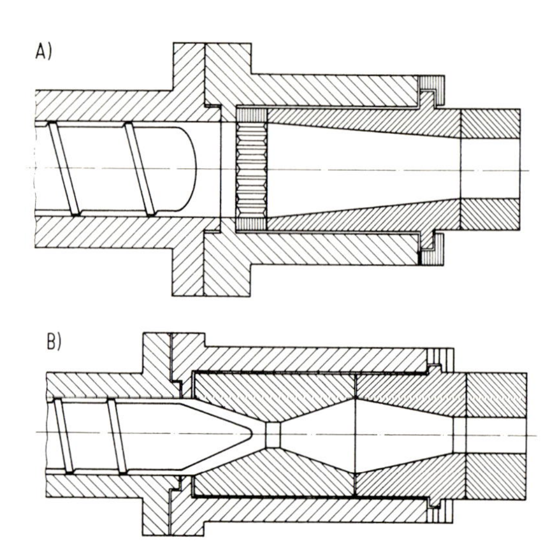


**Bild 10:** Werkzeugeinlauf
A) mit Lochscheibe, B) mit Wespentaille
(aus: Becker/Braun: Kunststoffhandbuch 2/2 Polyvinylchlorid, Carl Hanser Verlag)

#### 5.1.2.1 Allgemeingültige Regeln für den Düsenaufbau für Profile

In der Düse wird der im Extruder plastifizierte und homogenisierte Massestrang zu dem gewünschten Profil ausgeformt. Dabei ist wichtig, dass alle Punkte dieses Massestranges, unabhängig von ihrer Form und Wandstärke, die Düse mit der gleichen Geschwindigkeit verlassen. Um dieses zu erreichen, sind beim Aufbau einer Düse bestimmte Regeln zu beachten.

Jedes Profil hat einen Schwerpunkt. Alle Ecken und Kanten sollen gleichweit vom Mittelpunkt „M" (= Mittelachse der Extrusionsanlage) entfernt sein. Eine möglichst gleichmäßige Verteilung der Massen ist anzustreben. Ein Optimum wird z. B. bei einem Rohrwerkzeug erzielt, weil es zentralsymetrisch ist. Profile für Fenster sind in der Regel nicht so gebaut.

Der Stahlkörper der Düse wird mit Heizmanschetten erwärmt. Die Temperatur wird über Thermostate geregelt, um im Werkzeug eine gleichmäßige Temperaturverteilung zu erzielen. Der korrekte Wärmehaushalt in der Düse ist gewährleistet, wenn die Dimensionen des Stahlkörpers ausreichend groß gewählt wurden (Bild 11). Ein Abstand von 50 mm zwischen dem Profilquerschnitt und der Außenseite ist ausreichend.

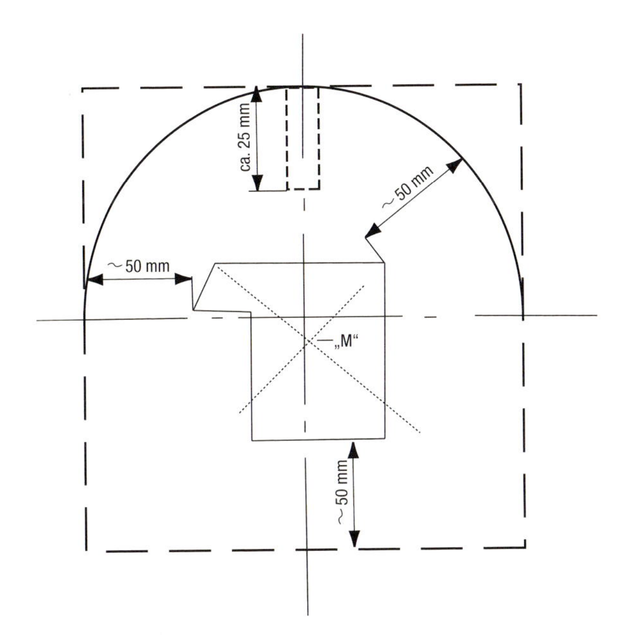


**Bild 11:** Schwerpunkt einer Profildüse

Der Thermostat soll tief im Stahlkörper sitzen, (mindestens 25 mm) und einschraubbar sein. Die Thermostatbohrung ist dem gewünschten Thermostattyp anzupassen. Während der gesamten Heiz- und Extrusionsphase muss eine ständige Temperaturkontrolle möglich sein. Zu kalte oder zu heiße Düsen führen zu Werkzeugschäden und Materialverbrennungen.

## 5.1.2.2 Aufbau einer Düse für ein Hohlkammerprofil

Grundsätzlich werden Düsen aus konstruktionstechnischen Gründen und zur leichteren Pflege derselben aus einzelnen Platten aufgebaut.

Der Düsenspalt ist vom Quellverhalten (Q) des Werkstoffes und von der erwünschten Wanddicke des Profils abhängig. Man rechnet s' = Q × S.

Dabei bedeutet S' = Düsenspalt; S = Profilwandstärke und Q = Quellfaktor des Werkstoffes. Der Quellfaktor von PVC-U liegt in der Regel zwischen 0,85 und 0,95. In diesem Beispiel rechnen wir mit Q = 0,9. d. h., für eine Wanddicke von 3 mm muss der Spalt 3 × 0.9 = 2,7 betragen, bei 1,2 mm Wanddicke benötigt man ein Spaltmaß von 1,08 mm.

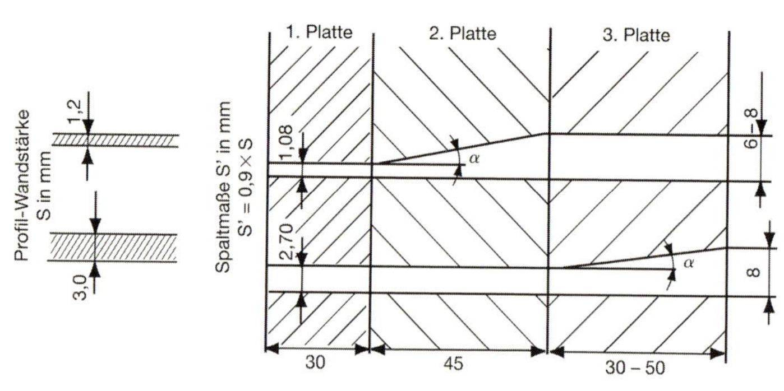


**Bild 12:** Plattenaufbau einer Düse mit Spaltmaßen

Die Länge der Parallelzone („Bügelzone") in der Düse ist von der Wandstärke abhängig (Bild 12). Für PVC-U rechnet man mit 20 bis 30 × S. Für diesen Fall bedeutet das 25 × 3 mm = 75 mm und 25 × 1,2 mm = 30 mm Parallelzonenlänge.

Da die Parallelzonen unterschiedlich lang sind, müssen die einzelnen Düsenplatten auch unterschiedlich dick sein. Für diesen Fall heißt das: Die Austrittplatte (1. Platte) wird 30 mm dick und die nachfolgende 2. Platte wird (75 minus 30) = 45 mm dick.

Die Anschrägung (Verjüngung) für den Spalt mit 1,08 mm beginnt in der 2. Platte, der für den Spalt mit 2,7 mm beginnt bereits in der dritten Platte. Die Materialzuführung zum Spalt in der 3. Platte erfolgt über die in der Skizze nicht gezeigten weiteren Platten. Dabei ist zu beachten, dass der Verjüngungswinkel für PVC-U kleiner 30° bleibt. Sind zu große Unterschiede bei den Wandstärken, werden die Platten zwangsweise weiter zu Unterteilen sein.

Aus der Darstellung von 3 unterschiedlichen Wandstärken ergibt sich das folgende Bild (Bild 13) für das Spaltmaß, die Parallelzonenlänge von 25 × S und die Anschrägungen für den Druckaufbau.

Da die 1. Platte 25 mm dick ist, erhält sie für den Spalt von 0,9 mm eine Anschrägung von 30° auf einer Länge von 2,5 mm; die 2. Platte erhält 30°-Anschrägung von 5 mm Länge für den 0,9 mm- und den 1,8 mm-Spalt. Die 3. Platte erhält eine 30° Anschrägung von 7,5 mm Länge für den 2,7 mm-Spalt. Diese Darstellung veranschaulicht die Problematik bei Herstellung maßgetreuer unterschiedlicher Wandstärken.

Der Anschnitt und die Länge der Kanäle in Verbindung mit der Parallelzonenlänge und dem Düsenspalt bilden die Grundlage für den Aufbau der Düse, sie bilden aber auch die Grundlagen zu auftretenden Problemen beim Einfahren und Korrigieren der Düse. Dieses sollte man jedoch nur erfahrenen Werkzeugbauern überlassen, da u. U. ein Eingriff an der falschen Stelle der Düse, den Austausch eines ganzen Segmentes notwendig macht.

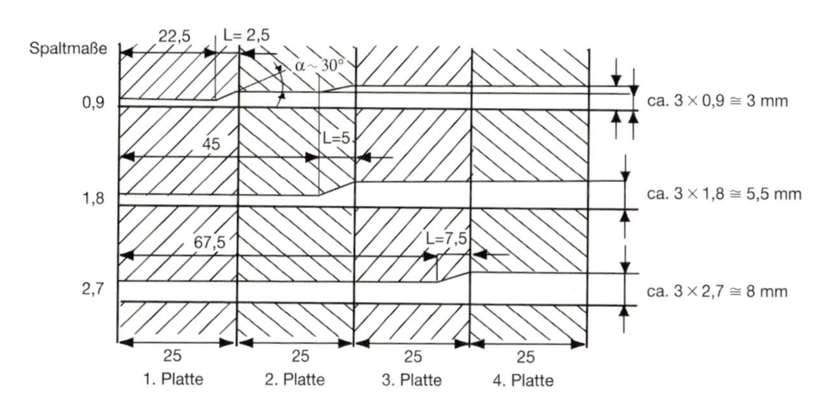


**Bild 13:** Spaltmaße, Anschrägungen und Parallelzonen in einer Profildüse

Der aus der Düse austretende plastische PVC-Strang wird in der Kalibrierung auf das Endmaß gebracht und gleichzeitig von außen gekühlt. Eine intensive und doch gleichmäßige Abkühlung des Profilstanges im Kaliber ist für das Qualitätsniveau einer jeden Profilstange von eminenter Bedeutung. Um einen intensiven Kontakt zwischen dem Profil und den Kühlflächen zu gewährleisten, wird dieses mittels Vakuum an die Kühlwände angesogen, wobei man noch oft Wasser als zusätzliches Gleit- und Kühlmittel verwendet. Als Kühlmedium wird dabei immer Wasser verwendet. Man unterscheidet hier zwischen der Trockenkalibrierung, der Nasskalibrierung und der gemischten Kalibrierung.

Bei der Trockenkalibrierung erfolgt die Wärmeabfuhr aus dem PVC über das Metall des Kalibers in das Kühlwasser, welches das Kaliber durchströmt. Bei der Nasskalibrierung besteht ein direkter Kontakt zwischen den PVC-Oberflächen und dem Wasser. Wegen der besseren Wärmeabführung wird heute oft der Nasskalibrierung der Vorzug gegeben. In den meisten Fällen wird allerdings eine kombinierte Nass-Trocken-Kalibrierung verwendet, da mit der Trockenkalibrierung glänzendere Oberflächen erzielbar sind.

Bei der Konzeption von Kalibern sind zunächst einige grundsätzliche Fragen oder Vorraussetzungen zu klären.

- Geforderte Kühlleistung in m/h für die notwendige Kühlstrecke
- Profilart (Einkammer- oder Mehrkammerprofil)
- Temperatur des zur Verfügung stehenden Wassers
- Kalibrier- Kühlsystem (Nass, trocken, nass-trocken)
- Metallart (Stahl, Messing verchromt, Alu eloxiert).

Hohlkammerprofile aus PVC-U verlassen die Düse mit einer Temperatur von ca. 200 °C. Diese Wärme sollte so schnell wie möglich dem Profil entzogen werden. Je höher die Abzuggeschwindigkeit ist, desto länger dauert die Abkühlung, zumal PVC kein besonders guter Wärmeleiter ist. Im übrigen dauert es ca. 24 h, bis ein Hohlprofilstrang soweit ausgekühlt ist, dass sichere Aussagen zur Qualität des Profils gemacht werden können.

Bei der Materialauswahl für ein Kaliber sind die folgenden Punkte zu beachten:

- Stahl hat eine geringere Wärmeleitfähigkeit als Messing oder Aluminium.
- Die Bearbeitung von Stahl ist aufwendiger als bei Messing oder Alu.
- Stahl hat eine höhere Standzeit als Messing oder Alu.
- Messingkaliber werden verchromt, d. h., sie müssen immer wieder nachverchromt werden.
- Aluminiumkaliber müssen eloxiert werden, ihre Standzeit ist im Vergleich zum Stahl sehr kurz.

Dennoch fällt heute die Entscheidung meist zugunsten von Stahl, da man heute mit moderner Verarbeitungstechnik (z. B. Drahterosion) Stahlkaliber bequem bis zu 350 mm Länge maßgenau, preiswert und schnell herstellen kann.

In der jüngsten Zeit ist ein deutlicher Trend zu einer zusätzlichen „Innenkühlung" der Extrudate zu beobachten. Diese Art einer zusätzlichen Kühlung des Profils von innen ist an sich „ein alter Hut". Sie wird auch heute noch bei verschiedenen Extrudeuren mit mehr oder weniger gutem Erfolg eingesetzt, sie hat sich jedoch nie richtig durchsetzen können. Bei diesem Vorgehen wird entweder kühles Wasser oder kühles Gas durch den großen Kern der Düse für die Hauptkammer vor oder im ersten Kaliber in die Hauptkammer des Profils oder Rohrs geleitet. Der auf diese Art erzielte Kühleffekt ist ziemlich mäßig und bei Verwendung von Wasser hat man auch immer das Problem, die Innenseite von Profilen und Rohren wieder trocken zu bekommen.

Man arbeitet auch mit intensiv gekühlten Schleppstopfen, die weit in das erste Kaliber hinein reichen. Durch den intensiven Kontakt zwischen dem gut gekühlten Metallschleppstopfen und den Innenwänden des Rohrs oder Profils erhält man auch einen nennenswerten Kühleffekt. Diese Vorgehensweise ist technisch aufwendiger, sie zahlt sich jedoch besonders bei Fensterprofilen, durch höheren Durchsatz bei niedrigem Schrumpf schnell aus.

Der Halt zwischen der thermoplastischen Formmasse und den Kaliberwänden wird durch Schlitze und kleine Löcher, an die Vakuum angelegt wird, hergestellt. Das Endmaß des Rohrs oder Profils stimmt, außer dem Nachschrumpfen, welches bis zu 24 h dauern kann, mit dem Maß des letzten Kalibers überein. Der

Kalibrierung nachgeschaltet ist vielfach eine Sprühkühlung; hierbei wird die noch vorhandene Restwärme durch direktes Besprühen mit kaltem Wasser von den PVC-Oberflächen abgeführt.

Eine wesentliche Eigenschaft, der Schrumpf von Rohren und Profilen wird durch die Abstimmung Düse – Kaliber – Endmaß und die Kraft, die benötigt wird, das Halbzeug durch die Kalibrierung hindurch zu ziehen, beeinflusst. Der Schrumpf von z. B. Fensterhauptprofilen darf 2 % nicht überschreiten, sollte jedoch besser bei 1.0 – 1,5 % liegen. Die korrekte Abstimmung zwischen dem Quellverhalten des Profilstranges bei Verlassen der Düse, den Maßen der einzelnen Kaliberblöcke (= Schüsse), dem Abkühlverhalten des Profils, den gewünschten Profilendmaßen, dem Gleitmittel auf den Profiloberflächen und der daraus resultierenden Abzugskraft ist für die Herstellung guter Fensterprofile unumgänglich.

Es ist sehr wichtig, dass der gesamte Materialstrang möglichst gleichmäßig abgekühlt wird, damit er sich später nicht vertikal oder horizontal verziehen kann. Verstopfte Kühlkanäle im Kaliber, falsch ausgelegte Kühlkanäle und zu geringer Wasserdurchfluss sind meist die Ursache für ungleichmäßiges Auskühlen des Produktes. Durch einseitiges Erwärmen mittels IR-Strahlern versucht der Extrudeur immer wieder solche Mängel zu beheben. Auch hier gilt, dass es sinnvoller ist, die Ursache zu beseitigen, als am Symptom, dem Verzug der Profile oder Rohre, zu basteln.

Ins Detail gehende Informationen zu Konzeption und Herstellung von Extrusionswerkzeugen befinden sich in: Extrusionswerkzeuge und Profilwerkzeuge, VDI-Gesellschaft Kunststofftechnik, VDI-Verlag GmbH, Düsseldorf 1996

### 5.1.3 Der Kalibriertisch

Die Kalibrier- und Kühlvorrichtungen werden auf einem Kalibriertisch montiert. Dieser Kalibriertisch soll viele Anforderungen erfüllen. Er soll die einzelnen Kaliberschüsse gut justierbar und dennoch sehr fest aufnehmen, er soll in drei Ebenen verstellbar sein, er soll die Wasserring-Vakuumpumpen, Kühlwasserpumpen, Wasserreservoire und die Abzugskräfte aufnehmen und er soll gegebenenfalls die Nachkühlung (Sprühkühlung) tragen. Daher müssen Kalibriertische sehr stabil und verwindungssteif gebaut sein. Sie werden meist auf schienengebundenen Rollen bewegt und sie stellen eine feste mechanische Verbindung zwischen dem Extruder und dem Abzug her.

Bei der Herstellung von Fensterprofilen werden vielfach zwischen Kalibriertisch und Abzug mittels einer einfachen Vorrichtung bei Glashalteleisten und Hauptprofilen die Dichtungen (meist aus APTK/EPDM oder PVC-P) mit eingezogen. Der Fensterhersteller spart damit einen Arbeitsgang. Sinnvoll ist dieses Vorgehen allerdings nur dann, wenn die für diese Dichtung verwendete Formmasse – zumindest bei den Hauptprofilen – auch schweißbar ist, damit man später zwischen Rahmen und Flügel eine rundumlaufende Dichtung hat.

Weiterhin ist in der Regel eine Signiervorrichtung für die Profile und Rohre zwischen Kalibriertisch und Abzug installiert. Gemäß den Vorschriften zur Gütesicherung und den Normen müssen bei gütegesicherten Rohren und Profilen neben dem Herstellerzeichen auf dem Halbzeug im Abstand von ca. einem Meter die folgenden Daten – meist kodiert – vermerkt werden: das Prüfzeichen mit Registriernummer, der Herstellungszeitraum (Datum, Schicht, Maschine etc.) und die verwendete Formmasse. Profile mit Rezyklatkern tragen zusätzlich die Kennzeichnung mit den Buchstaben „REC".

### 5.1.4 Der Abzug

Der Profilabzug transportiert das Profil oder Rohr vom Einlauf in das erste Kaliber durch die Kalibrier- und Kühlzonen und durch die Säge hindurch bis auf den Ablegetisch. Dabei müssen vor allem die Reibwiderstände in den Kalibern überwunden werden. Man verwendet heute dafür ausschließlich Doppelraupenabzüge, deren Raupenprofil und Anpressdruck an die Halbzeuggröße und -geometrie adaptierbar sind. Der Raupenanpressdruck wird hydraulisch oder pneumatisch geregelt. Sinnvoll ist stets die Verwendung einer Messvorrichtung für die Abzugskraft, da diese letztlich den Schrumpf ins Profil oder Rohr einbringt. Damit kann durch Steuerung der Abzugskraft über das Vakuum im Kaliber der Schrumpf während des Extrusionsprozesses überwacht und gegebenenfalls auf ein Minimum gesenkt werden. Die Abzugsgeschwindigkeit muss genau einstellbar sein und konstant gehalten werden, damit es nicht zu einem Materialstau vor dem Kaliber kommen kann. Ein Stau (Auflaufen des Massestranges auf das erste Kaliber) führt unweigerlich zum Abriss.

### 5.1.5 Säge und Ablegetisch

Nach dem Abzug folgen die Säge mit geeignetem Schallschutz und der Ablegetisch. Die Profile und Rohre werden in der Regel auf eine Länge von 6 m geschnitten, auf dem Ablegetisch geordnet, gegebenenfalls verpackt und dann in Transportpaletten abgelegt. Damit die hochglänzenden und daher empfindlichen Oberflächen von Fensterprofilen vor Transport- und Weiterverarbeitungsschäden weitgehend geschützt sind, werden ihre Sichtflächen oft, unabhängig von der Art der Verpackung, zwischen Abzug und Säge mit einer dünnen PE-Folie abgedeckt. Diese Folie wird erst nach dem Einbau des fertigen Fensters in den Baukörper entfernt.

Zunehmend wird heute die Verpackung der Profile und Rohre automatisch am Ablegetisch vorgenommen. Dabei werden Profilstangen so gekippt, dass sie raumsparend zu „handlichen“ Bündeln verpackt bzw. einfoliert werden können. Diese Bündel werden palettiert und gehen dann in das Lager oder direkt zum Verarbeiter. Rohre werden gebündelt und in das Lager verbracht.

### 5.1.6 Das Extrusionsverfahren

Grundsätzlich kann man den Herstellprozess für PVC-Extrudate in einzelne Verfahrensstufen zerlegen. Der Einzug und die Plastifizierung der Formmasse erfolgen im Extruder, ihre Ausformung und Abkühlung in Düse und Kaliber, gefördert wird das Extrudat durch den Abzug und auf die gewünschte Länge wird es durch Absägen gebracht. Die Lagerung und der Transport des Halbzeugs erfolgt meist in entsprechenden Paletten, Containern oder als Bündel. Die Extrudate sind bei Lagerung und Transport vor Feuchtigkeit und zu tiefen Temperaturen zu schützen.

Im Extruder wird das Dryblend oder Granulat gefördert und plastifiziert. Dabei laufen nacheinander unterschiedliche Vorgänge ab. Zunächst wird das Material von der Einfüllöffnung durch die Schnecken in den Extruderzylinder gefördert. Dieser Vorgang bestimmt den Gesamtdurchsatz der Extrusionslinie. Danach wird das Dryblend oder Granulat durch Wärmeübertragung von den Zylinderwänden und den Schnecken angewärmt und durch leichte Kompression agglomeriert; Granulatkörner werden dabei aufgebrochen. Das Agglomerat wird weiter durch gelinde Scherung erhitzt, das heiße Agglomerat wird durch das am Entgasungsdom angelegte Vakuum entgast, damit alle flüchtigen Bestandteile des Compounds entfernt werden. Anschließend wird das Material vollständig plastifiziert und in den letzten Schneckengängen homogenisiert. Diese hinsichtlich Temperatur und Material homogene Schmelze wird von den Schneckenspitzen durch eine Lochscheibe oder Verengung (Wespentaille) unter hohem Druck in die Düse gepresst und dort ausgeformt. Ein gleichmäßiger Schmelzestrom durch die Düse, ohne voraus- oder nacheilende Schmelzeströme ist Voraussetzung für qualitativ einwandfreies Extrudat.

Viele Argumente sprechen dafür, zwei Profile oder Rohre gleichzeitig, sozusagen parallel auf einer Extrusionslinie mit einem leistungsfähigen Extruder herzustellen. Diese Doppelstrang-Extrusion hat sich jedoch lange nicht durchsetzen können, weil ihre möglichen Vorteile (hoher Durchsatz bei niedriger Abzuggeschwindigkeit, kürzere Kühlstrecken) durch die Risiken in der Produktion überkompensiert wurden. Die Doppelstrang-Extrusion erfordert mehr Aufmerksamkeit des Überwachungspersonals und höheren technischen Aufwand für die exakte Abstimmung von Düsen und Kaliber; Flussverschiebungen sind schwerer beherrschbar, der Anfahrvorgang ist wesentlich schwieriger – die bei einer Störung anfallende

Menge unbrauchbaren Halbzeugs verdoppelt sich. Die Doppelstrang-Extrusion hat sich daher zunächst nur bei kleinen und mittelgroßen Rohren und Profilen durchsetzen können und war bis vor kurzer Zeit immer noch eine Ausnahme.

Vor dem Hintergrund der Notwendigkeit rentabler zu produzieren und den Maschinendurchsatz ohne bauliche Veränderungen an den vorhandenen Gebäuden, wegen der notwendigen Verlängerung der Kühlstrecke, zu erhöhen, stellten im Laufe der Jahre 1994/95 einige Extrudeure versuchsweise auf Doppelstranganlagen um. Dabei wurde außerdem in einigen Fällen die Kühlung der Profile durch Einsatz der „Innenkühlung“ intensiviert. Seit 1998 wird die störungsfreie Extrusion von bis zu 10 m/min im Doppelstrang mit Innenkühlung in einigen Unternehmen praktiziert; dieses entspricht z. B. bei Fensterhauptprofilen einem Maschinendurchsatz von deutlich über 700 kg/h.

### 5.1.6.1 Allgemeine Probleme bei der Extrusion

Die folgende Zusammenstellung von beobachteten Schwierigkeiten bei der Extrusion ist sicher nicht vollständig und kann daher nur ein Leitfaden für das Angehen von Problemen sein (Tabelle 12). Allgemeine mechanische und elektrische Probleme und Rezepturfehler werden hier nicht berücksichtigt, obwohl diese die am häufigsten auftretenden Schwierigkeiten verursachen. Sie werden allerdings in der Regel von geschultem Personal schnell erkannt und stellen somit kein wirkliches Problem dar. Viel schwieriger ist das Erkennen von Ursachen, die nicht ohne weiteres mit Messinstrumenten erfasst werden können, zumal es oft für ein und dasselbe Phänomen verschiedene Ursachen geben kann. Hier sind sowohl Erfahrung, Phantasie und Sensibilität gefragt als auch auch der Mut zum Experimentieren. Dabei „schleichen“ sich manche Unregelmäßigkeiten in der Produktion ganz langsam ein, bevor sie in der Qualitätskontrolle deutlich auffallen.

Außerdem hat die Erfahrung gezeigt, dass bei Problemen in der Produktion gerne die Verantwortung hin und her geschoben wird. In der Mischerei wurde bekanntlich „niemals etwas geändert“; an Werkzeugen und Maschine wurde auch „niemals gedreht“! Die Suche nach der oder den Ursachen für die Schwierigkeiten gestaltet sich daher oft sehr kompliziert. Manchmal ist es tatsächlich so, dass wirklich niemand etwas geändert hat. In solchen Fällen liegt die Ursache für ein Problem in dem sich schleichend vollziehenden Verschleiß von Maschinen und Werkzeugen. Ein zu großer Spalt zwischen den Schnecken und zwischen Schneckenstegen und der Zylinderwand (Schneckenspiel) im Extruder kann eine Fülle von Problemen bei der Extrusion und an den Produkten nach sich ziehen, deren Ursache oft nicht gleich erkannt wird. Ebenso problematisch wird die Ursachensuche, wenn bei der Eingangskontrolle für Rohstoffe und Additive eine leichte aber stetige Änderung wichtiger Eigenschaften übersehen oder nicht richtig bewertet wurde.

**Tabelle 12:** Schwierigkeiten bei der Extrusion

| Problem | Mögliche Ursache | Mögliche Maßnahme |
|---|---|---|
| DB wird schlecht eingezogen | Einzugsbereich zu warm | Trichter kühlen, Temperatur in der Einzugszone senken |
| zu geringer Ausstoß | falsche Schnecken | geeignete Schnecken verwenden, Schnecken kühlen |
| pulsierender Ausstoß | falsche Schnecken | geeignete Schnecken verwenden |
| | Schmelzetemperatur zu hoch | Extruderkopf und Werkzeug kühlen |
| Antriebsbelastung zu hoch | Temperatur im Zylinder zu niedrig | Temperaturprogramm erhöhen |
| | Schnecken sind zu voll | Dosierung reduzieren |
| | Widerstand ist zu hoch | größere Lochscheibe verwenden |
| Plastifizierung zu schwach | Temperatur im Zylinder zu niedrig | Temperaturen erhöhen besser plastifizierende Schnecken verwenden |
| Brenner im Zylinder | falsche Temperaturen | Temperaturprogramm optimieren |
| | Plate-out oder Riefen im Zylinder | Maschine öffnen, ggf. reinigen oder polieren |
| Brenner im Werkzeug | Plate-out | Reinigen |
| | Temperatur zu hoch | Temperatur senken |
| | Riefen im Stahl | Polieren |
| | „Tote Ecken“ | Schmelzefluss optimieren |
| | undichte Dichtflächen | Dichtflächen schleifen und polieren |
| | Druckaufbau zu hoch | Massetemperatur erhöhen |
| Entgasung zieht Pulver | zu späte Plastifizierung | Temperatur in Zone 1 und 2 erhöhen |
| | | Füllgrad der Schnecken erhöhen |

#### 5.1.6.2 Spezielle Probleme bei der Extrusion und ihre möglichen Ursachen

Dass die bei der Extrusion auftretenden Probleme so vielfältig sind wie die „Eicheln im Schweinetrog“ ist erfahrenen Extrudeuren bekannt. Abgesehen von technischen Problemen am Extruder und den Nachfolgeeinheiten sind die Schwierigkeiten mit Flussverschiebungen, Quellverhalten und Plate-out am häufigsten. Ihnen werden daher die folgenden Abschnitte gewidmet.

**Flussverschiebungen, Quellverhalten**

Ungewollte Änderungen in der Geometrie von Rohren und Profilen (Wandstärken, Winkel, Nuten und Haken) werden von Flussverschiebungen der Schmelze in der Düse verursacht. Ändert sich im Extruderkopf oder in der Düse das Gleitverhalten der PVC-Schmelze, oder kommt es zu Viskositätsunterschieden im Schmelzestrom, werden in aller Regel diese Abweichungen als Flussverschiebungen sichtbar.

Das Wandgleitverhalten ändert sich meist infolge von Plate-out (s. u.) im Extruderkopf oder in der Düse. Ändert sich die Temperatur in der Düse ungleichmäßig, kommt es zu einseitigen Flussverschiebungen, da das Wandgleitverhalten stark von der Temperatur abhängig ist.

Vereinfacht dargestellt spielt sich dabei Folgendes ab: wird die Temperatur der Düse, im Vergleich zur Temperatur der PVC-Schmelze, insgesamt zu hoch, verschiebt sich der Schmelzefluss nach außen; die äußeren Wandstärken eines Profils nehmen zu, Nuten werden zu eng, Pilze und Haken werden zu dick, während die Innenstege zu dünn geraten. In diesem Stadium kann dann auch der so genannte „Slip-Stick-Effekt“ auftreten. Dabei haftet die Schmelze im ersten Kaliber so stark, dass aus dem kontinuierlichen Gleiten durch das Kaliber ein wechselndes gleiten (= slip) und haften (= stick) wird. Dieser auch „Rattern“ genannte Effekt führt zur Bildung von Markierungen, die senkrecht zur Extrusionsrichtung auf der Profil- oder Rohroberfläche verlaufen. Oft hilft dagegen eine Maßnahme, die das Quellverhalten nur ganz wenig verringert oder das Gleitverhalten des Profils im ersten Kaliber ein wenig verbessert. Als geeignete Mittel haben sich erwiesen: Erhöhung der Schmelzetemperatur in der Düse, geringfügige Änderungen am Gleitmittelhaushalt, Absenkung des PVC-K-Wertes, Fließhilfe mit niedrigerem Molgewicht verwenden und Verwendung anderer Additive, die das Gleitverhalten im Kaliber verbessern.

Wird die Düsentemperatur im Vergleich zur Schmelze zu kalt, strömt die Schmelze stärker im Inneren einer Profildüse; die Stege werden dicker und die äußeren Wandstärken nehmen ab, Nuten werden zu weit, Haken und Pilze werden zu dünn. Wenn die PVC-Schmelze mit zu großen Temperaturunterschieden (= Viskositätsunterschiede) in die Düse einläuft, kommt es zu Flussverschiebungen mit den oben beschriebenen Folgen auch bei Rohren. Die Erfahrung hat gezeigt, dass Flussverschiebungen ihre Ursache auch in schlechter oder unzureichender Entgasung haben können. Wenn Flussverschiebungen plötzlich auftreten, sollte daher zuerst die Funktion der Entgasung überprüft werden. Die Kontrolle der Soll- und Ist-Temperaturen der Heizungen ist vor der Demontage des Werkzeugs der nächste Schritt.

Das *Quellverhalten (die-swell)* der PVC-Formmasse ist maßgeblich bestimmend für die korrekte Ausfüllung der Kalibergeometrie und damit auch für das gesamte Verhalten des Rohr- oder Profilstranges in der Kalibrier- und Kühlstrecke.

Das Quellverhalten wird hauptsächlich bestimmt durch die Temperatur der Schmelze, durch ihre Viskosität – soweit man beim PVC überhaupt von „Viskosität" reden darf – und durch ihr „Erinnerungsvermögen" (Memory-Effect).

Die Schmelzetemperatur liegt verfahrensbedingt etwa zwischen 185 und 205 °C. Sie ist durch den gewünschten bzw. notwendigen Plastifiziergrad und die Vorgaben der Plastifiziereinheit festgelegt.

Die Schmelzeviskosität wird bestimmt durch

- ihre Temperatur,
- den PVC-K-Wert,
- die Stabilisator-Gleitmittelkombination,
- die Art und Menge des Impactmodifiers,
- die Art und Menge des Flowmodifiers,
- die Flüssigkomponenten im Rezept und
- die Art und Menge des Füllstoffs.

Je höher der PVC-K-Wert, desto höher ist auch die Schmelzeviskosität, da sich die Molekülkettenlänge proportional auf die Viskosität auswirkt. Die Stabilisator-Gleitmittelkombination senkt die Viskosität umso stärker, je mehr schmelzende bzw. niedrigschmelzende Bestandteile sie enthält. So haben Ca-Zn- oder Sn-Stabilisierungen in der Regel eine niedrigere Viskosität als eine typische Pb-Stabilisierung für Fensterprofile. Die Abstimmung der verwendeten Gleitmittel (Innen – außen) hat ebenfalls erheblichen Einfluss auf die Viskosität der PVC-Schmelze, aber auch auf ihr Gleitverhalten in den Kanälen von Düsen und Kalibern (s. u.). Die Größe der einzelnen Impactmodifierpartikeln und die Beschaffenheit der „Schale" (z. B. die Art und Kettenlänge der Moleküle, das Polymerisationsverfahren) beeinflussen die Schmelzeviskosität ganz erheblich. Das gilt auch für die Flowmodifier. Je mehr flüssige oder verflüssigbare Komponenten (z. B. epoxidiertes Sojaöl, niedrig schmelzende Gleitmittel) ein Rezept enthält, desto niedriger wird die Viskosität der PVC-Schmelze sein. Diesen Effekt macht man sich z. B. gerne bei Formmassen zunutze, die im Spritzguss oder Blasverfahren verarbeitet werden sollen. Schließlich beeinflussen Art und Menge des verwendeten Füllstoffs ebenfalls ganz erheblich die Viskosität der PVC-Schmelze.

Als Faustregel sollte festgehalten werden: Je niedriger die Schmelzeviskosität, desto geringer ist das Aufquellverhalten (die-swell).

Als „Memory-Effect" bezeichnet man das Vermögen der PVC-Schmelze, sich an ihren Zustand vor dem Durchlaufen und Verlassen der Düse und vor dem Verlassen der Kühlstrecke zu „erinnern". Wissenschaftlich wird dieses Phänomen als das Relaxationsvermögen von Polymeren bzw. deren Schmelzen beschrieben. Ganz wesentlich wird das Relaxationsvermögen durch die Schmelzetemperatur und ihre Viskosität bestimmt, daher ist mit diesen beiden Größen das Quellverhalten im Hinblick auf die PVC-Formmasse hinreichend beschrieben.

Der Einfluss der Werkzeuggeometrie (Länge der Fließkanäle, ihre Durchmesser, Länge der Parallelzonen, Breite der Stege und Dornhalter, Abstimmung der Kaliber etc.) und das Gleitverhalten der PVC-Schmelze in den Werkzeugen sind jedoch ebenso entscheidend für den Memory-Effect wie die PVC-Formmasse selbst. Es ist wichtig, dass dem Quellverhalten des PVC-Stranges bei der Extrusion ausreichend Beachtung geschenkt wird, insbesondere dann, wenn Änderungen am Rezept oder an den Werkzeugen vorgenommen werden sollen, denn das Quellverhalten des extrudierten PVC-Stranges beeinflusst maßgeblich die Qualität des erzeugten PVC-Produktes.

### Plate-out

Mit dem Begriff Plate-out werden bei der PVC-Verarbeitung unterschiedliche Ablagerungen beim Extrudieren und Kalandern bezeichnet. Am Kalander sieht man den Belag auf den Walzen sofort und kann, da die Anlage „offen" ist, meist sofort dagegen einschreiten. Beim Extruder bemerkt man das Plate-out erst an seinen Folgen.

Ein alter „PVC-Hase" sagte einmal: Ganz ohne Plate-out geht in der PVC-U-Extrusion gar nichts! Dem ist nichts hinzuzufügen. Für den interessierten Leser soll dieser eventuell missverständliche Ausspruch ein wenig erläutert werden. Im Kapitel 3.2 wurde die Wirkungsweise der Gleitmittel – auch der äußeren Gleitmittel – beschrieben. Ein Gleitmittel wirkt nur dann als äußeres Gleitmittel, wenn es mit PVC unverträglich ist und beim Plastifizieren und Durchlaufen von Maschine und Werkzeug quasi aus der PVC-Schmelze austritt, um einen Gleitfilm zwischen der Schmelze und dem heißen Metall der Maschine zu bilden, und genau das ist schon „Plate-out".

In der Praxis spricht man allerdings erst dann von Plate-out, wenn eine Rezeptkomponente, wie z. B. das äußere Gleitmittel in erheblicher Menge an die Oberfläche der PVC-Schmelze tritt *und* wenn es *außerdem* noch andere Komponenten aus dem Rezept mit an die Oberfläche schleppt, die sich an den Metalloberflächen im Extruder, in der Düse oder im Kaliber ablagern. Dann erst behindert das Plate-out die Extrusion, da es zu Oberflächenstörungen (Glanzverlust, Schlieren, Strukturen etc.) auf den Rohren und Profilen und zu meist sehr harten Ablagerungen im Extruder und in den Werkzeugen führen kann. Diese Ablagerungen führen in einigen Fällen aufgrund des geänderten Wandgleitverhaltens zu solchen Flussverschiebungen im Werkzeug, dass die Profile und Rohre für die Weiterverarbeitung z. B. zu Fenstern oder als Druckrohre nicht mehr geeignet sind. Plate-out kann auch zur „Bartbildung" am Düsenausgang oder am Kalibereingang führen und zu „Brennern" im Extruder. Außerdem kann Plate-out die Vakuumschlitze in den Kalibern so verstopfen, dass eine ausreichende Kalibrierung nicht mehr möglich ist. Zwischen äußerer (notwendiger) Gleitwirkung und Plate-out besteht also kein qualitativer, sondern nur ein quantitativer Unterschied, der zur Gratwanderung werden kann.

Die Ursachen für *störendes Plate-out*, und nur davon soll in diesem Kapitel gesprochen werden, können unterschiedlich sein. Die Zusammensetzung der Formmasse, die Werkzeugauslegung und die Verarbeitungsbedingungen spielen beim Plate-out eine Rolle. Ein Patentrezept für die Vermeidung von Plate-out gibt es nicht. Wir wissen allerdings, dass Plate-out nicht als „gottgegeben" hingenommen werden muss; es gibt die Möglichkeit, durch Optimierung am Rezept, an den Werkzeugen und an den Verfahrensbedingungen, Plate-out zu beseitigen oder zumindest so deutlich zu vermindern, dass der Produzent damit leben kann.

Eine der wesentlichen Ursachen für Plate-out ist ein Überschuss an unverträglichen oder flüchtigen Rezeptbestandteilen unter den speziellen Verarbeitungsbedingungen. Beispielsweise findet man in vielen Fällen Stearinsäure und Metall-Stearate, Fettalkohole, Paraffine sowie andere unverträgliche oder flüchtige Stabilisatorenbestandteile als Verursacher von Plate-out. In diesen Fällen genügt es meist, zur Beseitigung des Plate-out eine dieser Komponenten im Rezept zu reduzieren oder ganz wegzulassen. Aber Vorsicht, jede Maßnahme am Rezept kann einen Rattenschwanz an Konsequenzen nach sich ziehen, und sie sollte daher möglichst immer in Abstimmung mit einem erfahrenen Additivlieferanten erfolgen.

Manchmal tritt Plate-out nur sporadisch auf, je nachdem wie alt das Compound ist und unter welchen Bedingungen es gefördert und gelagert wurde und wie viel Feuchtigkeit es aufgenommen hat.

Unter Einfluss von Feuchtigkeit und $CO_2$ in der Luft können sich basische Pb-Stearate teilweise in Karbonate umwandeln; die dabei freiwerdende Stearinsäure kann zu Plate-out führen. Chelatoren, in der Regel sind dies organische Phosphite, sind unter Einfluss von Luftfeuchtigkeit verseifbar; sie können ebenfalls mit basischem Pb-Stearat reagieren und Stearinsäure freisetzen. Die Gegenwart von freier Stearinsäure alleine reicht allerdings nicht aus, um Plate-out zu bilden, es bedarf dazu weiterer Substanzen, z. B. Wasser, welches die Stearinsäure mitschleppt und sich an den Metallteilen von Maschinen und Werkzeugen ablagert. Ein Überschuss an Polyol (Pentaerythrit, Trimethylolpropan etc.), welches ebenfalls als Costabilisator verwendet wird, kann durch Sublimation oder Verdampfung unter Einfluss von Feuchtigkeit (Wasser) auch das Plate-out fördern.

Die Annahme, dass die in den Plate-out-Ablagerungen nachweisbaren Substanzen auch für die Ablagerungen verantwortlich sind, hat sich bisher immer als Irrtum erwiesen. Analysen von solchen Ablagerungen haben in den meisten Fällen einen Querschnitt durch das gesamte Verarbeitungsrezept ergeben; sie geben aber keinen Hinweis auf die Ursache von Plate-out.

Zur Beseitigung von Plate-out durch Rezeptanpassung bedarf es langer Erfahrung, um schnell die unverträglichen Rezeptbestandteile zu identifizieren und dann gegebenenfalls zu reduzieren oder zu eliminieren.

Weitere Ursache für Plate-out können Druckverluste und Temperatursprünge im Extruderzylinder, im Kopf-Flanschbereich und im Werkzeug sein. In beiden Fällen muss durch geeignete verfahrenstechnische Anpassungen gegengesteuert werden. Verfahrenstechnisches Gegensteuern bedeutet aber oft eine Flussverschiebung im Werkzeug; hier muss also auch sehr behutsam mit viel Fingerspitzengefühl vorgegangen werden.

Weiterhin kann Plate-out dann entstehen, wenn die Entgasung der PVC-Formmasse im Zylinder – aus welchen Gründen auch immer – unvollständig ist. Die Reste an flüchtigen Bestandteilen in der heißen PVC-Schmelze können zu dramatischem Plate-out führen. Feuchtigkeit im Compound, die über die Entgasung, auch wenn diese optimal arbeitet, nicht entfernt werden kann, führt ebenfalls sicher zu Plate-out.

Die durch Plate-out bedingten Ablagerungen in Extrudern und Werkzeugen enthalten meist stattliche Mengen PVC. Wenn diese Ablagerungen lange genug an den heißen Metallteilen haften, wird das PVC trotz seiner Stabilisierung irgendwann thermisch zersetzt. Die dabei frei werdende Salzsäure induziert die weitere PVC-Zersetzung in der Umgebung. Damit haben wir einen „Brenner". Gelbe, braune und später schwarze Streifen auf den PVC-Oberflächen sind ein sicheres Indiz für einen Brenner. Solche Verbrennungen in der Maschine und im Werkzeug kann man nur durch Demontage und gründliche Reinigung beseitigen.

Tritt Plate-out im Bereich der Plastifiziereinheit auf, wird es oft erst dann erkannt, wenn Verbrennungen im PVC registriert werden. Die Maschine muss dann sofort abgestellt und gereinigt werden. Bei solch einer Gelegenheit sollte dann auch sogleich der Zustand der Schnecken und Zylinderwände kontrolliert werden.

Der Umgang mit Plate-out wird dadurch erschwert, dass die Ablagerungen bzw. ihre Folgen oft erst nach vielen Betriebsstunden auftreten und erkannt werden. Die Unterbrechung der Produktion, das Öffnen und Reinigen von Maschine und Werkzeug kostet viel Geld und ist sehr personalintensiv.

Wenn die bekannten Maßnahmen zur Beseitigung von Plate-out versagen, kann man sich manchmal helfen, indem man dem Rezept ein „mildes Metallputzmittel“ in sehr geringen Mengen beifügt. Als wirksam haben sich bestimmte synthetische Siliziumoxide (z. B. Dicalite) in Mengen von 0,01 bis 0,1 phr erwiesen; aber Vorsicht ist auch bei dieser Maßnahme angebracht, da das $SiO_2$ unter Umständen die PVC-Schmelze „verstrammt“ und damit den Fluss verschieben kann.

Eine Untersuchung bei der EVC-Anwendungstechnik unter Leitung von *T. Hülsmann* zeigte, dass das Auftreten von Plate-out in Werkzeugen und Kalibern von den folgenden Parametern ganz wesentlich beeinflusst wird:

- Stabilisator-Gleitmittelsystem,
- Temperatur in der PVC-Schmelze,
- Temperatur der Werkzeuge,
- Mischbedingungen,
- Additive (z. B. $SiO_2$).

Ein Rezept zur Vermeidung von Plate-out kann allerdings auch heute noch nicht angeboten werden.

Ein Produktionsleiter, der mit Plate-out zu kämpfen hat, ist um seinen Job nicht zu beneiden. Hier ist, wenn die möglichen maschinentechnischen Ursachen „abgeklopft“ wurden, immer wieder die Erfahrung der Anwendungstechnik der Rohstoff- oder/und Additiv-Lieferanten gefragt, um möglichst schnell, durch Rezeptanpassung, für Abhilfe zu sorgen.

### Oberflächenglanz

Im Zuge der Erhöhung des Maschinendurchsatzes wurde es immer schwieriger, Profile und Rohre mit hoch glänzenden Sichtflächen zu erzeugen, da sich die geringste Veränderung bei der Plastifizierung, dem Durchlaufen der Düse und beim Einlaufen in das erste Kaliber als Glanzverlust – oft nur streifenweise – bemerkbar macht. Gleichzeitig wurden – wegen des enger werdenden Marktes und des daraus resultierenden Wettbewerbsdrucks – die Anforderungen der jeweiligen Kunden an ein optisch einwandfreies Bild der PVC-Oberflächen immer höher. Profile und Rohre mit hoch glänzenden, extrem glatten Oberflächen neigen weniger zum Verschmutzen, sind wegen ihrer geschlossenen Oberflächen den Einflüssen der Bewitterung weniger ausgesetzt und werden vom Endverbraucher aus ästhetischen Gründen bevorzugt; sie sind jedoch sehr empfindlich für mechanische Verletzungen der Oberfläche, der kleinste Kratzer wird sofort deutlich sichtbar. Auf relativ matten Oberflächen sind Kratzer kaum zu sehen, sie verschmutzen aber leichter wegen der Oberflächenrauhigkeit und ihr Bewitterungsverhalten ist daher auch nicht ganz so gut. Daher sind die meisten PVC-Oberflächen ein Kompromiss, d. h., sie sind „seidenmatt“. Starke Abweichungen vom einmal eingeführten Oberflächenglanz sind oft der Grund, warum bestimmte Kunden die gelieferte Ware zurückweisen.

Bei Problemen mit dem Oberflächenglanz sind zunächst zwei Dinge zu unterscheiden:

- ganzflächige Glanzänderungen,
- partielle, streifenweise Glanzunterschiede.

Es ist zunächst zu klären, ob die Glanzabweichungen durch zu starkes Kleben der PVC-Formmasse an den Metalloberflächen zustande kommt oder ob ein Gleitmittelüberschuss an der PVC-Oberfläche auftritt; ob Plate-out die Ursache für die Glanzabweichung ist, ob große Temperaturunterschiede in der PVC-Schmelze auftreten und ob die Sichtflächen gleichmäßig in das erste Kaliber einlaufen.

Bei ganzflächigen Glanzunterschieden ist die Lösung des Problems relativ einfach, weil die Ursache im Allgemeinen durch eine einheitliche Maßnahme beseitigt werden kann (siehe Tabelle 13).

Bei partiellen oder streifigen Glanzunterschieden können mehrere Ursachen verantwortlich sein, wobei dann eine oder mehrere Maßnahmen eine Reihe von Konsequenzen nach sich ziehen können.

Als erstes sollte geprüft werden, ob Maschinen und Werkzeuge optimiert werden können. Dabei wird vorausgesetzt, dass Düse und Kaliber in einwandfreiem Zustand sind; alle Flächen, die mit der PVC-Schmelze in Berührung kommen, müssen auf Hochglanz poliert und frei von Riefen, Kratzern oder anderen Oberflächenbeschädigungen sein. Die Dichtflächen der Trennebenen in der Düse sind plangeschliffen, Materialablagerung oder Materialdurchtritt ist nicht möglich. Die Fließwege in der Düse sind so gestaltet, dass keine „toten Ecken“, an denen sich Material stauen kann, vorhanden sind. Nun kann eine weitere Optimierung angegangen werden:

- Verbesserung der Schmelzehomogenität (auch der Temperaturverteilung),
- Verbesserung des Schmelzefluss in der Düse (Pfropfenströmung),
- Verbesserung der Temperierung des Einlaufs im ersten Kaliber.

**Tabelle 13:** Ursachen und Maßnahmen bei Problemen während der Extrusion

| Ursache | Kleben | Plate-out |
|---|---|---|
| **Maßnahme** | Verbesserung des Gleitverhaltens | Verbesserung der Plastifizierung |
| | Heißmischzeit verkürzen | Heißmischzeit verlängern |
| | Granulierzeit kürzen | Granulierung intensivieren |
| | Granuliertemperatur senken | Granuliertemperatur erhöhen |
| | mehr äußeres Gleitmittel | weniger äußeres Gleitmittel |
| | weniger inneres Gleitmittel | mehr inneres Gleitmittel |
| | Fließhilfe mit „Antihaft" verwenden | mehr oder stärkere Plastizierhilfe verwenden |
| | feinere oder gefällte Kreide verwenden (Winnofil, Socal etc.) | |
| | Impactmodifier teilweise durch geeignetes CPE ersetzen | niedrigeren PVC-K-Wert verwenden |
| | | statt Dryblend Granulat extrudieren |
| | | Impactmodifier mit Eigengleitwirkung verwenden |

Die Schmelzehomogenität kann – abgesehen von Maßnahmen am Rezept, welche später behandelt werden – durch Verwendung besser plastifizierender Schnecken, Erhöhung des Füllgrades der Schnecken oder des Drucks im Zylinder (Verwendung einer engeren Lochscheibe oder „Wespentaille") verbessert werden. Auch die Verwendung von speziellen Mischteilen an den Schneckenspitzen hat in vielen Fällen eine deutliche Verbesserung gebracht.

Die Homogenität der Schmelze kann auch noch am abgekühlten Profil mit einfachen Mitteln geprüft werden. In einen Glaszylinder ausreichender Größe mit eingeschliffenem Deckel, der etwa bis zur Hälfte mit einem Lösungsmittel (LM) gefüllt ist, wird ein Profilabschnitt so hineingestellt, dass er in seiner ganzen Länge (ca. 5 bis 10 cm) im Lösungsmittel steht. In einem Fall wird trockenes Aceton als Lösungsmittel verwendet; nach 24-stündiger Lagerung des Profilabschnittes bei Raumtemperatur im Lösungsmittel zeigen sich Inhomogenitäten und Spannungen im Profil durch Abreißen von Stegen und Verbindungen und Aufreißen der Wände. Verwendet man Methylenchlorid als Lösungsmittel, kann man bereits nach einer Stunde Lagerung bei Raumtemperatur im trockenen Lösungsmittel erkennen, ob die Plastifizierung des Profils ausreichend war. Nicht ausreichende Plastifizierung zeigt sich durch Aufreißen des Profils oder Rohrs in den Schnittstellen und Anlösen der Oberflächen durch das Lösungsmittel.

Der Schmelzefluss in der Düse wird anhand eines Schubmusters kontrolliert. Wenn Teile der Schmelze im Oberflächenbereich oder an Stegen, die an die Oberflächen angebunden sind, voraus- oder nacheilen, führt das im Allgemeinen zu ungleichmäßigem Profileinlauf in das erste Kaliber. Laufen bestimmte Partien des Profil- oder Rohrstranges „hohl“ in das erste Kaliber ein, dann kommt es zu deutlich sichtbaren Glanzunterschieden in diesen Bereichen. Durch Korrekturen der Fließkanäle kann man sich an das Idealbild der „Pfropfenströmung“ sehr weit annähern.

Die Temperierung des Einlaufs im ersten Kaliber kann für einen gleichmäßigeren Glanz hilfreich sein; diesem Vorgehen sind allerdings durch den möglicherweise daraus resultierenden höheren Schrumpf bei Profilen enge Grenzen gesetzt. Bei diesem Verfahren müssen in vielen Fällen die Haken und Nuten vor Einlauf in das erste Kaliber mit Luft angeblasen werden, damit diese besser im ersten Kaliber stehen bleiben.

Führen diese Maßnahmen nicht zum Ziel, dann muss am Rezept bzw. am Mischvorgang korrigiert werden; hier aber mit großer Vorsicht, jede der Maßnahmen ändert mehr oder weniger das Verarbeitungsverhalten der PVC-Formmasse. In Tabelle 13 sind die häufigsten Ursachen und einige der am meisten angewendeten Maßnahmen zusammengestellt.

## 5.2 Umlaufmaterial, Regenerat, Rezyklat

Umlaufmaterial und Regenerat werden schon lange bei der Herstellung von PVC-Fensterprofilen wieder verwendet. Hier sollen zunächst einige Begriffe erläutert werden.

*Umlaufmaterial* ist das betriebsintern anfallende sortenreine Regenerat, welches beim Anfahren anfällt oder aus von der Qualitätskontrolle nicht freigegebenen Produktionschargen stammt. Diese Profile und Rohre werden eingemahlen und entweder in Abmischung mit frischem Dryblend oder rein zu Profilen und Rohren extrudiert. Wenn dieses Regenerat rein verarbeitet wird, dann meist – wegen der doppelten thermischen Belastung – zu untergeordneten Profilen oder Rohren, die nicht der Witterung ausgesetzt sind.

*Regenerat* stammt in der Regel von Profilen und Rohren bzw. deren Abschnitte, die vom Verbraucher an den Extrudeur zurückgesandt werden. Diese PVC-Teile waren nicht in Gebrauch oder der Bewitterung ausgesetzt, sie können daher, sofern es sich um sortenreines und farblich einheitliches Material handelt, betriebsintern wie Umlaufmaterial verwendet werden. Wenn die Sortenreinheit nicht sichergestellt ist und wenn unterschiedliche Farbtöne zu erwarten sind, dann wird dieses Regenerat entweder in der Coextrusion von Rezyklat (s. u.) verwendet oder es werden untergeordnete Profile, die nach ihrem Einbau nicht mehr sichtbar sind, daraus hergestellt.

*Rezyklat* ist ein Mahlgut oder aus Mahlgut hergestelltes Granulat, welches von ausgebauten Fenstern oder Rohren stammt, die bereits der Bewitterung ausgesetzt und in Gebrauch waren (post-consumer-quality).

Bei der gewerbsmäßigen Herstellung von Rezyklat z. B. aus Altfenstern ist die gesamte Aufbereitung in die folgenden Verfahrensschritte gegliedert:

- Altfensteranlieferung,
- Abtrennung der Glasscheiben,
- Entfernen von Klötzen, Gummi, Dichtungen etc.,
- Grobzerkleinerung (< 50 mm) in Brechern oder Shreddern,
- Abscheidung von Fe- und NE-Metallen,
- Mahlen < 20 mm,
- Metallabscheidung und Windsichtung,
- Wasserbad und anschließende Schwergutabscheidung,
- Feinmahlen < 7 mm und Windsichtung,
- Förderung in Homogenisier- und Puffersilo,
- Nachstabilisierung in großem Mischer,
- Extrusion mit Schmelzefilter < 300 µm,
- Heißabschlag mit Förderluftkühlung,
- Lagerung im Silo bis zur Wiederverwendung.

Das „Output-Input-Verhältnis“ liegt bei dieser Art der Aufbereitung bei ca. 95 %.

In der BRD wurden 2003 insgesamt 220.000 t PVC rezykliert und wieder verwendet. Dabei wurden Umlaufmaterial und Regenerat zu 90 % wieder verwendet und der Rezyklatanteil (post-consumer-quality) betrug 28 %.

Adressen und weitergehende Informationen unter Arbeitsgemeinschaft PVC und Umwelt in 53113 Bonn, Am Hofgarten 1 – 2 oder im Internet: www.agpu.de und www.agpu.com

### 5.2.1 Qualitätsfragen (Reinheit, Farbe, Stabilität)

Die Entscheidung, ob Umlaufmaterial oder Regenerat uneingeschränkt verwendet werden kann, oder ob es nur für bestimmte Anwendungen geeignet ist, hängt im Wesentlichen von der Reinheit, der Farbe und der Reststabilität dieses Materials ab. Je sorgfältiger Umlaufmaterial im Betrieb separiert, aufbereitet und gelagert wird, desto breiter wird die Möglichkeit seiner Wiederverwendbarkeit.

Bei den meisten PVC-Verarbeitern hat sich das beschriebene Vorgehen bewährt. Regenerat wird, da es meist nicht sortenrein und farblich sortiert anfällt, in der Coextrusion oder zu untergeordneten Profilen verwendet. Rezyklat kann in der Coextrusion als Basismaterial eingesetzt werden oder man verwendet es für untergeordneteTeile, die später nicht mehr sichtbar sind. In allen diesen Fällen werden Umlaufmaterial, Regenerat und Rezyklat mit einem „Filter“ (s. u.) extrudiert.

### 5.2.2 Schmelzefilter

Bei Verarbeitung von Regenerat und Rezyklat besteht immer die Gefahr einer Kontamination des Mahlgutes durch Fremdstoffe, die mit dem PVC nicht mischbar oder überhaupt nicht plastifizierbar sind. Um solche Verunreinigungen, auch im Promillebereich, nicht in das Profil gelangen zu lassen, wird die PVC-Schmelze aus Umlaufmaterial, Regenerat oder Rezyklat vor Einlauf in das Werkzeug gefiltert, wenn nicht eine Granulierstufe mit Filtration dem Verarbeitungsschritt vorgeschaltet ist. Diese Filter arbeiten meist kontinuierlich, so dass auch eine kontinuierliche Extrusion gewährleistet ist. Einer der bekanntesten Hersteller solcher Filtervorrichtungen für PVC-Schmelzen ist die Firma Gneuss.

## 5.3 Die Extrusion von PVC-Rohren

Das Rohr ist die einfachste Form eines Profils. Ein Rohr ist ein Profil, dessen Innen- und Außenwand einen konstanten Abstand vom Mittelpunkt hat. Die ersten Rohre aus PVC-U wurden in Deutschland bereits 1935 hergestellt und haben sich seitdem hervorragend bewährt. Sie sind nicht nur preisgünstiger als Rohre aus Stahl, Guss oder Beton, sie lassen sich auch leichter verlegen, sind relativ unempfindlich gegen leichte Bewegungen im Erdreich, widerstandsfähiger gegen Einflüsse der transportierten Medien und gegen chemische Einflüsse von außen.

In diesem Kapitel wird nur auf Rohre aus PVC-U eingegangen. Heute werden diese Rohre meist für den drucklosen Bereich verwendet, als Abfluss- und Kanalrohre, für Dachrinnen- und -fallrohre, als Be- und Entwässerungsrohre (Drainagen, Sickerleitungen), als Kabelschutzrohre, Industrieleitungen und im Schiffsbau. Im Gegensatz zu früher werden inzwischen für den Gas- und Trinkwassertransport überwiegend Rohre aus PE (HD- und MD-PE) eingesetzt. Bei den Kunststoffen überwiegen mengenmäßig dennoch bei weitem die Rohre aus PVC-U. Noch 1996 wurden in Westeuropa ca. 1,5 Mio. t PVC-U zu Rohren verarbeitet, während es beim PE „nur“ 0,5 Mio. t waren. 2004 wurden insgesamt ca. 2,5 Mio. t Kunststoffe zu Rohren verarbeitet. Davon ist der größte Teil aus PVC, da rund 50 % dieser Rohre Abwasserrohre sind, die überwiegend aus PVC hergestellt werden.

Seit Jahren stehen die Hersteller von Rohren unter zunehmendem Preis- und Kostendruck bei gleichzeitig steigenden Anforderungen an die Qualität der Produkte. Infolgedessen fehlte es auch beim PVC nicht an mal mehr und mal weniger erfolgreichen Versuchen, durch Weiterentwicklung von Rezepten und Verbesserungen an Extrudern und Nachfolgeeinheiten die Kosten zu senken und die Qualität zu verbessern. Im Vordergrund aller Entwicklungen stehen die Forderungen nach Wirtschaftlichkeit und Senkung der Einsatzkosten. Die Wirtschaftlichkeit der Extrusion wird durch leistungsfähige Extrusionslinien gewährt. Das bedeutet, die Durchsatzleistungen der Anlagen werden durch leistungsfähigere Maschinen und Nachfolgeeinheiten verbessert, die Materialkosten werden durch bessere Steuerungen (z. B. beim Durchsatz) und Verbilligung des Rohstoffs gesenkt. Bei kompakten Rohren bedeutet dieses eine Erhöhung des Füllstoffanteils im Rezept bis über 50 % oder die Verringerung des Gewichtes durch Schaumextrusion. Die Erhöhung des Maschinendurchsatzes erreicht man durch Vergrößerung der Extruderschnecken, Verbesserung der Schneckengeometrien und Verstärkung der Extrudergetriebe für höhere Drehmomente. Als weiteres Beispiel wurde unlängst ein neuartiges Extrudier- und Kalibriersystem vorgestellt, welches einen kontinuierlichen Dimensionswechsel der Rohre zulässt, ohne dass die Extrusionslinie gestoppt werden muss. Automatische Wanddickensteuerungen ermöglichen eine weitere Einsparung von Material.

### 5.3.1 Kompakte Rohre aus PVC-U

Diese Rohre werden in der Regel auf Doppelschnecken-Extrudern aus dem Dryblend extrudiert. Nur in Ausnahmefällen werden Einschnecken-Extruder verwendet, allerdings muss dann anstelle von Dryblend voragglomeriertes Material in Form von Granulat eingesetzt werden.

PVC-Rohrmischungsrezepte unterscheiden sich deutlich von den Rezepten für Fensterprofile, da sie einerseits in Deutschland immer noch überwiegend mit Pb stabilisiert sind und da sie in der Regel weniger Stabilisator und weniger inneres Gleitmittel enthalten als die Profilrezepte.

***Hier einige Richtrezepte:***

*a) für Druckrohre*

*100 Teile PVC, K 68*
*0,5 Teile tribasisches Pb-Sulfat*
*0,4 Teile neutrales Pb-Stearat*
*0,3 Teile Ca-Stearat*
*0,15 Teile Stearinsäure*
*0,5 Teile feine Kreide*
*0,1 Teile Pigment*
*ggf. 4–8 Teile Impactmodifier*

*b) für Wellrohre (Drainage etc.)*

*100 Teile PVC, K 65–68*
*1,0 Teile tribasisches Pb-Sulfat*
*1,5 Teile dibasisches Pb-Stearat*
*1,0 Teile Ca-Stearat*
*0,2 Teile Stearinsäure*
*10 Teile feine Kreide*
*0,2 Teile Pigmente*

*c) für Dachrinnen- und Regenfallrohre*

*100 Teile PVC, K 65–68*
*2,5 Teile tribasisches Pb-Phosphit-(sulfit)*
*1,0 Teile dibasisches Pb-Stearat*
*0,5 Teile Ca-Stearat*
*0,5 Teile neutrales Pb-Stearat*
*0,2 Teile Stearinsäure*
*0,5 Teile PE-Wachs*
*10 Teile feine Kreide*
*2,0 Teile Pigmente*

*d) für Kabelschutzrohre*

*100 Teile PVC K 65–68*
*2,5 Teile basische Pb-Phosphit*
*1,0 Teile dibasisches Pb-Stearat*
*0,5 Teile Ca-Stearat*
*0,5 Teile neutrales Pb-Stearat*
*0,2 Teile Stearinsäure*
*0,5 Teile PE-Wachs*
*2–10 Teile feine Kreide*
*0,5 Teile Pigmente*
*ggf. 5 Teile Impactmodifier.*

Daneben gibt es auch noch besonders hoch gefüllte Rezepte mit einem hohen Kreideanteil (40 % und mehr). Diese benötigen für eine erfolgreiche Verarbeitung jedoch besondere Anlagenkonzepte wie z. B. Stopfschnecken, besondere Schneckenpaare, oder leistungsfähigere Getriebe etc.

Da die Rohrmischungen alle „trockener" sind als die Dryblends für Fensterprofile, benötigt man in der Regel für eine gute Plastifizierung und Homogenisierung der Mischungen Doppelschnecken-Extruder mit solchen Schnecken, die eine gute Plastifizierleistung bei hohem Maschinendurchsatz und gut steuerbarer Schmelzetemperatur ermöglichen. Auch hier gilt die Regel, dass das Dryblend am Entgasungsdom ausreichend agglomeriert sein soll, damit einerseits Gaseinschlüsse (Luft, Restfeuchte) in Form von Blasen oder Lunkern von vornherein ausgeschlossen werden und andererseits das Material bis zum Verlassen der Schneckenspitzen gut plastifiziert und homogenisiert wird. Von den Schneckenspitzen wird die PVC-Schmelze bei hohem Schneckendrehmoment (bis zu 5000 Nm) mit hohem Druck und Maschinendurchsatz (bis zu 1500 kg/h) über eine Verengung (Lochscheibe oder Wespentaille) zur Erhöhung des Gegendrucks durch den Rohrkopf in die Düse transportiert. Nach Verlassen der Düse wird die Schmelze kalibriert und abgekühlt. Auf die unterschiedlichen Kalibrierverfahren soll hier nicht eingegangen werden. Vor dem Ablängen der Rohre auf – je nach Bedarf – 2, 4, oder 6 m werden diese gekennzeichnet (Material, Norm, Hersteller, Charge, Herstelldatum, Maschine), und gelangen über den Ablegetisch palettiert oder gebündelt in das Lager. Bei den meisten Rohren wird nach dem Ablängen, teils manuell teils automatisiert, eine Muffe angeformt und gegebenenfalls ein Dichtring eingelegt. Laufende Qualitätskontrollen während der Produktion stellen sicher, dass nur einwandfreie Rohre zur Auslieferung kommen.

### 5.3.2 Rohre aus PVC-U-Hartschaum

Neben den kompakten Rohren haben in den letzten Jahren Rohre aus PVC-U-Schaum an Bedeutung gewonnen, teils zum Zwecke der Gewichts- bzw. Kostensenkung, teils aus technischen Erwägungen. Dabei können diese Rohre aus einem Integralschaum mit geschlossener dünner Innen- und Außenschicht (Celuka-Verfahren) hergestellt werden oder im Coextrusionsverfahren mit kompakter Innen- und/oder Außenschicht (Schaumkernrohre). Neuerdings werden Schaumkernrohre nach dem „Feedblock-Verfahren“ coextrudiert. Dieses Verfahren gestattet

- leichte Montage und Reinigung der Werkzeuge,
- geringeren Druckaufbau,
- größere Dimensionsbereiche,
- hohe Durchsatzleistungen.

Die Schaumkernrohre haben in den letzten Jahren, besonders im Bereich der Abflussrohre, an Bedeutung gewonnen. Wesentliches Ziel bei Entwicklung der Schaumkernrohre war die Gewichts- bzw. Rohstoffeinsparung, die gegenüber den kompakten Rohren bei bis zu 25 % liegt. Berücksichtigt man, dass sich die Herstellkosten bei den PVC-U-Rohren zu etwa 80 % aus den Rohstoffkosten ergeben, kann man sich die Größe des Einsparpotenzials bei den Schaumrohren vorstellen. Neben den geringeren Volumenkosten haben geschäumte Rohre den Vorteil der größeren Steifigkeit bei gleichem Metergewicht, der leichteren mechanischen Bearbeitbarkeit und der geringeren Wärmeleitfähigkeit.

***Richtrezept für geschäumte Rohre aus PVC-U:***

*100 Teile PVC, K 58–61*
*5–7 Teile polymerer Schaumstabilisator, z. B. Vinuran® DS 2394*
*1,2 Teile Sn-Stabilisator (schwefelfrei),*
*0,6 Teile Azodikarbonamid (Treibmittel),*
*0,5 Teile Ca-Stearat*
*1,0 Teile PE-Wachs*
*1,5 Teile Flow-Modifier (z. B. Paraloid® K 175)*
*5,0 Teile Viskositätsregler (z. B. Paraloid® K 435)*
*10,0–20 Teile feine Kreide*
*0,5 Teile Pigment*

### 5.3.3 Anforderungen an Rohre

Die Anforderungen an die jeweiligen Rohrtypen sind je nach der vorgesehenen Anwendung durch unterschiedliche Normen (DIN und EN) geregelt, daher macht es wenig Sinn, hier im Detail darauf einzugehen.

#### 5.3.3.1 Prüfung an Rohren

Die Prüfungen an Rohren, die einzelnen Verfahren und die Anforderungen sind in Normen (DIN und EN) beschrieben und festgelegt. Hier sollen nur einige Kurzverfahren beschrieben werden, die auch in der laufenden Produktion angewendet werden können und die eine vorläufige Qualitätsaussage gestatten.

**Visuelle Prüfung**

Die Oberflächen der Rohrwände sollen glatt, glänzend und ohne Streifen sein. Matte und unruhige Oberflächen deuten auf falsch eingestellte Masse- oder Werkzeugtemperaturen hin. Kontinuierliche schmale Streifen auf der Innenseite der Rohre sind in der Regel Abzeichnungen der Dornhalterstege und verraten ebenfalls falsch eingestellte Temperaturen. Breite Mattstreifen mit Verfärbungen oder schwarzen Einschlüssen weisen auf massives „Plate-out" hin, welches schließlich zum „Brenner" führen kann. Sind die Oberflächen matt und schuppig, liegt Schmelzebruch aufgrund zu hoher Temperaturen in der Düse oder der Masse vor. Die Wandstärke der Rohre soll über den gesamten Radius nicht variieren; eventuelle Abweichungen dürfen die von den Normen gesetzten Grenzen nicht überschreiten. Die Schnittflächen an den Rohren sollen glatt und ohne Ausbrüche sein.

**Ofentest**

Bei diesem Verfahren werden Rohrabschnitte 30 bis 60 Minuten bei 150 °C im Wärmeschrank gelagert. Anschließend wird geprüft, ob sich Blasen oder Lunkern im PVC gebildet haben. Ist das der Fall, dann ist das Material nicht ordnungsgemäß entgast worden.

**Quelltest im Lösungsmittel**

Bei diesem Verfahren werden die Rohrabschnitte bei Raumtemperatur (20 bis 22 °C/50 % rel. Feuchte) 30 min in Methylenchlorid, oder 24 h in Aceton gelagert (Vorsicht beim Umgang mit Lösemitteln, das Einatmen der Dämpfe ist gesundheitsschädlich).

Wenn im Methylenchloridtest das PVC nicht gelöst wird, sondern nur aufquillt, dann ist die Plastifizierung des Materials gut. Kommt es – besonders an den

Schnittflächen – zu Delaminierung oder Auflösungserscheinungen unter Eintrübung des Lösungsmittels, war die Plastifizierung unzureichend.

Wenn im Acetontest nach 24 h das Rohr oder der Abschnitt nur aufgequollen ist dann ist das Rohr spannungsfrei kalibriert und abgekühlt worden. Reißt das Rohr während der Lagerung an bestimmten Stellen auf (z. B. in den Dornhalterpositionen), dann wurden beim Extrudieren unzulässige Spannungen eingebracht und beim Abkühlen eingefroren.

### Fallbolzentest

Um die Anfälligkeit der Rohre gegen schlagartige Beanspruchungen zu prüfen benutzt man den Fallbolzentest. Bei diesem Verfahren lässt man ein genau definiertes Gewicht bei bestimmter Temperatur (Raumtemperatur; 0; –10 °C etc.) einmal oder mehrfach (nur bei größeren Rohren) auf das Rohr fallen. Dabei darf der mit dem Gewicht fest verbundene Bolzen (mit definiertem Radius) im Rohr keinen Riss auslösen oder gar das Rohr zertrümmern. Bei mehrfachem Versuch an einem Rohr wird der Abschnitt vor dem neuen Test jeweils um einen bestimmten Winkel gedreht; deshalb nennt man dieses Verfahren auch „merry round the clock".

## 5.4 Die Extrusion von Profilen

Profile aus PVC-U werden im Wesentlichen im Bauwesen verwendet. PVC-P-Profile gehen in sehr unterschiedliche Anwendungsgebiete; sie dienen meist als Treppenprofile und Handläufe, als Dichtungs,- Fugen-, Kanten- und Hilfsprofile. PVC-U-Profile sind die Fenster- und Rolladenprofile, Sockelleisten, Fassadenprofile, Kabelkanäle, Vorhangschienen und vieles andere mehr.

Da bei der Extrusion von PVC-U, ganz gleich zu welchen Profilen, die auftretenden Probleme sehr ähnlich sind, sollen sie am Beispiel der PVC-Fensterprofile eingehend beschrieben werden. Dabei wird auch auf mannigfache Probleme, die bei dieser Extrusion auftreten können, hingewiesen. Die Profilextrusion funktioniert nur dann einwandfrei, wenn die dafür wesentlichen Komponenten zusammenspielen. Da sind die Rohstoffmischung, die Extruder, die Werkzeuge und natürlich das entsprechend qualifizierte Bedienungspersonal. Alle Anstrengungen der Werksleitung sind zum Scheitern verurteilt, wenn diese Komponenten nicht aufeinander abgestimmt sind. Bei kleineren und im Querschnitt einfachen Profilen hat sich die Extrusion im Mehrstrangverfahren schon vor Jahren durchgesetzt. Selbst komplizierte Mehrkammer-Hauptprofile werden heute im Doppelstrang extrudiert.

Die Werkzeuge wurden hinsichtlich ihres Aufbaues und der Pflege und Montage vereinfacht; Die Nachfolgeeinheiten wie Kalibriertische, Abzüge, Sägen und Ablegetische wurden immer wieder verbessert und unterstützen damit eine störungsfreie Extrusion.

PVC-Fensterprofile werden in Deutschland ausschließlich aus schlagzäh modifiziertem PVC hergestellt. Dabei handelt es sich immer um Profilsysteme, die aus Haupt- und Nebenprofilen bestehen. Hauptprofile sind die Flügel- und Rahmenprofile für Fenster und Türen, sowie die Pfosten und Riegel (Kämpfer). Nebenprofile sind die Glashalteleisten, die Rolladenlaufschienen, Futter- und Koppelprofile etc.

Bedingt durch die hohe Schmelzefestigkeit, die geringe Schrumpf- und Verzugsneigung, seine vergleichsweise niedrige Schmelzeenthalpie und den weiten Erweichungsbereich eignet sich PVC ganz besonders für die Herstellung von komplizierten Profilen im Extrusionsverfahren.

***Richtrezepte für Profile:***

*a) für Fensterprofile*

*100 Teile S-PVC, K 65–68*
*4,5 Teile Ca-Zn- oder Pb-Stabilisator*
*1,5 Teile Flow-modifier*
*4–6 Teile Impactmodifier*
*0,5 Teile Ca-Stearat*
*0,5 Teile Phthalsäureester*
*0,2 Teile oxidiertes PE-Wachs*
*0,4 Teile Fettalkohol*
*6,0 Teile feine Kreide*
*4–6 Teile Titandioxid (Rutiltyp)*

*b) für Rolladenprofile*

*100 Teile S-PVC, K 68*
*3,5 Teile Ca.Zn- oder Pb-Stabilisator*
*0,5 Teile Ca-Stearat*
*0,5 Teile Paraffinwachs*
*0,5 Teile Esterwachs*
*20 Teile feine Kreide*
*4–6 Teile Titandioxid (Rutiltyp)*
*ggf. Flow- und Impactmodifier*

*c) für transparente Profile*

*100 Teile S- oder M-PVC, K 60–65*

*5–7 Teile transparenter Impactmodifier*

*3,5 Teile Ca-Zn-Stabilisator*

*1,5 Teile Flowmodifier*

*0,2 Teile UV-Stabilisator*

*0,5 Teile Paraffinwachs*

*0,7 Teile Esterwachs*

*ggf. 0,5–1,5 Teile Sn-Stabilisator.*

## 5.4.1 Probleme bei der Profilextrusion

Eine Linie für die Fensterprofilextrusion besteht immer aus Extruder, Werkzeugen, Kalibrier-Kühleinheit, Kalibriertisch mit Vakuumpumpen, Abzug, Säge, Profilablegevorrichtung und Verpackung.

Bei der folgenden Liste von Mängeln an Profilen werden auch solche Probleme aufgegriffen, die durch ungeeignete Roh- und Hilfsstoffe, durch Fehler beim Compoundieren und durch unsachgemäße Verarbeitung entstehen können. Daher sollten zur Problemlösung gegebenenfalls auch die Additiv-Lieferanten hinzugezogen werden. Dabei ist die Reihenfolge der aufgezählten Probleme rein zufällig (Tabelle 14).

## 5.4.2 PVC-Hartschaumprofile

PVC-Hartschaumprofile werden mit speziellen Werkzeugen nach unterschiedlichen Verfahren hergestellt. Man unterscheidet zwischen drei Verfahren. Im ersten Fall kann die PVC-Schmelze frei aufschäumen; der Schaumstrang wird kalibriert und gekühlt (Freischaumverfahren). Man erhält ein Profil mit mehr oder weniger poröser Oberfläche. Im zweiten Fall wird das gekühlte Kaliber direkt an der Düse angeflanscht; man erhält dadurch Teile mit quasi Integralschaumstruktur und einer kompakten Außenhaut (Celuka-Verfahren). Im dritten Fall wird das Coextrusionsverfahren (s. Abschn. 5.4.3.1) angewendet; dabei wird über einen zweiten Materialzulauf in der Düse der PVC-Schaum mit kompaktem PVC umhüllt, so dass dieses Profil äußerlich kompakt aussieht. Bei geschäumten Fensterprofilen wird ein Metallkern mit PVC umschäumt und der Schaum wird mit kompaktem PVC coextrudiert. Alle geschäumten Profile haben gegenüber den kompakten den Vorteil des geringeren Metergewichtes und der leichteren Verarbeitbarkeit. Auch hier hat sich die zusätzliche Verwendung eines Schaumstabilisators, wie z. B. Vinuran® DS 2394 bewährt.

**Tabelle 14:** Probleme, Ursachen und Maßnahmen bei der Profilextrusion

| Problem am Profil | mögliche Ursache | mögliche Maßnahme |
|---|---|---|
| mechanische Mängel | zu schwach plastifiziert | Füllgrad der Schnecken anheben, engere Lochscheibe verwenden, Mischzeit beim Compoundieren verlängern, Compoundtemperatur überwachen |
| matte Oberflächen | Düse zu kalt | Temperatur im Werkzeug erhöhen |
| Wanddickeschwankungen | Pulsationen | Schmelzetemperatur in Kopf und Düse senken, bessere Schnecken verwenden |
| Apfelsinenstruktur | Schmelzebruch | Temperatur in Düse und Kopf senken, Werkzeug reinigen |
| Glanz-matt-Streifen | Plate-out | Düse und/oder Kaliber reinigen |
| | Blasen in der Oberfläche | Entgasung verbessern |
| | Einlauf ins erste Kaliber ungleichmäßig | Abstand Düse-Kaliber optimieren, Temperatur der Bügelzone anpassen |
| Flussverschiebung | Düsenheizung defekt | Heizungen kontrollieren |
| | Plate-out in der Düse | Düse reinigen |
| | schlechte Entgasung | Entgasung reinigen, Zylindertemperaturen optimieren |
| | | Rezept oder Compoundierung verbessern |
| Slip-stick-Effekt | Flussverschiebung | Temperatur im Kopf und/oder Werkzeug nachregeln |
| | | ggf. mehr äußeres Gleitmittel verwenden |
| Einfallstellen „Perlenschnur“ | Druckverluste im Werkzeug Profil liegt zu spät im Kaliber an, läuft hohl ein | Druck im Werkzeugeinlauf mechanisch oder über das Rezept erhöhen, z. B. mit Flow-Modifier |

**Tabelle 14:** Fortsetzung

| Problem am Profil | mögliche Ursache | mögliche Maßnahme |
|---|---|---|
| Blasen auf der Profilinnenseite | Feuchtigkeit oder andere flüchtige Bestandteile | Entgasung verbessern, Compound auf flüchtige Bestandteile prüfen |
| Farbabweichung | thermische Überlastung | Temperaturen korrigieren, Schneckenspiel prüfen, größere Lochscheibe verwenden |
| | Plate-out | Düse und Kopf reinigen |
| | zu hohe Maschinenbelastung | Füllgrad verringern oder größere Lochscheibe verwenden |
| | Pigmentabbau | stabileres Pigment verwenden |
| braune Streifen | Plate-out oder Brenner | Düse und Kopf reinigen |
| braune und schwarze Stippen | Brenner | Maschine und Werkzeug reinigen |
| schwarze oder farbige Schlieren | schlecht dispergiertes Pigment | Mischprozess optimieren, besser dispergierbares Pigment verwenden |
| Fallbolzentest negativ bei sonst gutem Testbild | Plate-out am Dornhalter oder in der Düse | Düse reinigen, „Acetontest“ anwenden, Rezept optimieren |
| Chipping beim Abstechen der Schweißraupen | Inhomogenitäten in der Schmelze | „schärfere“ Schnecken oder engere Lochscheibe verwenden, PVC-Rohstoffe auf „Glaskorn“ prüfen |
| Blasenbildung beim Schweißen | Feuchtigkeit im Profil | Entgasung optimieren, Verpackung, Transport und Lagerung nur trocken vornehmen |

### 5.4.3 Oberflächenbeschichtungen an Profilen

Auf farbig pigmentierten PVC-Oberflächen wird die Auswirkung von Bewitterung nach etwa 3 bis 5 Jahren sichtbar. Es bildet sich auf der bewitterten PVC-Oberfläche ein hauchdünner weiß-grauer Belag (näheres dazu im Kapitel 7, „Bewitterungsverhalten“). Dieser Belag bildet sich auch auf weißen PVC-Profilen, dort wird er allerdings für das „unbewaffnete“ Auge nicht sichtbar. Die diese Verwitterung beeinflussenden Parameter sind:

- die thermische Vorgeschichte der Formmasse,
- ihre Stabilisierung und Pigmentierung,
- ihre Nachbehandlung und die Art, Intensität und Dauer der Bewitterung.

Am Beispiel der PVC-Fensterprofile sollen die verschiedenen Möglichkeiten der Oberflächenbeschichtungen beschrieben werden.

Farbige oder farbig dekorierte PVC-Fensterprofile haben keine dominierende Marktbedeutung erlangt, 80 % aller PVC-Fensterprofile sind weiß. Dennoch hat fast jeder Profilhersteller, oft nur als Marketinginstrument, farbige oder dekorierte Profile im Sortiment. Es bestand daher von Anfang an der Wunsch, die Witterungsbeständigkeit solcher Profile zu verbessern. Vier Verfahren dafür haben sich im Laufe der Jahre bewähren und durchsetzen können:

- Coextrusion mit PMMA,
- Folienbeschichtung,
- Bedrucken,
- Lackieren.

#### 5.4.3.1 Coextrusion

Durch das Zusammenführen von zwei Schmelzeströmen in der Bügelzone der Düse wird eine 0,2 bis 1,0 mm dicke Schicht aus witterungsbeständig eingefärbtem PMMA während der Extrusion auf eine oder beide Sichtseiten der Hauptprofile aufgebracht und dabei fest mit dieser verschweißt. Dabei wird die Schichtdicke des PMMA so eingestellt, dass die Farbe des Untergrundes nicht mehr sichtbar ist, dass normale Kratzer die Schicht nicht durchdringen können und dass das Schweißverhalten des Profils möglichst nicht beeinträchtigt wird. Der Nachteil dieses Verfahrens liegt darin, dass spezielle Düsen und zwei Extruder pro Profillinie notwendig sind und dass die Lagerhaltung eines solchen Profilsortiments, besonders mit verschiedenen Farben, kostspielig ist. Bei Herstellung von Fenstern aus diesen Profilen ist zu beachten, dass sie nur auf Schweißautomaten mit geeigneter Schweißraupenbegrenzung verarbeitet werden sollten. Profile, die nach diesem Verfahren beschichtet wurden, haben sich mindestens 15 Jahre in der Praxis bewährt und können gütegesichert werden (RAL-GZ 716/1 Teil 3).

### 5.4.3.2 Folienbeschichtung

Die Beschichtung der Profiloberflächen mit einer witterungsbeständigen Folie wird nach zwei Verfahren durchgeführt. Bei dem herkömmlichen Verfahren werden Hauptprofile je nach Bedarf dem Lager entnommen, von Staub- und Wachsresten gereinigt und in einer speziellen Anlage mit Hilfe eines Klebers mit einer halbharten PVC-Folie auf den Sichtseiten beschichtet. Das Bewitterungsverhalten dieser PVC-Folie wurde durch Kaschieren mit einer dünnen, gegen UV-Strahlung hochstabilisierten PMMA-Folie deutlich verbessert. Der Vorteil dieses Verfahrens liegt in seiner großen, auftragsbezogenen Flexibilität und den niedrigen Lagerhaltungskosten. Sein Nachteil lag in der Vergangenheit in der Notwendigkeit, mit Lösemittel zum Reinigen und Aktivieren der Profiloberflächen hantieren zu müssen. Heute muss nicht mehr mit lösemittelhaltigen Primern und Klebern gearbeitet werden, da inzwischen bewährte, lösemittelfreie Klebesysteme in Form von so genannten „Hot-melts" auf PUR-Basis zur Verfügung stehen (z. B. von Jowa/Detmold, Klebchemie/Weingarten u. a.).

Profile, die nach diesem Verfahren beschichtet wurden, haben sich seit mehr als 10 Jahren in der Praxis bewährtund können gütegesichert werden (RAL-GZ 716/1 Teil 7).

In jüngster Zeit hin und wieder aufgetretene Probleme mit der Witterungsbeständigkeit folienbeschichteter Profile sind, nach dem heutigen Wissensstand, eher auf Fehler beim Beschichten als auf die Qualität der Folie selbst zurückzuführen.

Eine weitere Möglichkeit zur Folienbeschichtung ist das „Plastik+Form"-Verfahren. Bei diesem Verfahren läuft „inline" eine mit einem Schmelzkleber ausgerüstete PMMA-Folie während der Extrusion am Ende der Bügelzone in die Düse ein. Die Dekoration dieser Folie erfolgt je nach Kundenwunsch in einem separaten Prozess vorher beim Folienlieferanten. Es ist ein bewährtes Verfahren, welches zu Profilen mit guter Witterungsbeständigkeit führt. Die Nachteile sind die gleichen wie bei der Coextrusion, da spezielle Düsen notwendig sind und die Lagerhaltung der Profile, je nach Umfang der Farben und Dekore, aufwändig ist.

Profile, die nach diesem Verfahren hergestellt wurden, haben sich seit mehr als 10 Jahren in der Praxis bewährt und können gütegesichert werden (RAL-GZ 716/1 Teil 6).

### 5.4.3.3 Bedrucken

Die PVC-Fensterprofile können nach zwei völlig verschiedenen Verfahren „offline" bedruckt werden.

Beim so genannten Schmutz-Verfahren (Nassverfahren) werden die Profile in einer separaten Anlage mit Lösemittelrückgewinnung gereinigt und sie erhalten in drei

Stationen (Grundstrich, Dekorstrich, Schluss-Strich) die gewünschte Dekoration, meist eine Holzmaserung.

Vorteilhaft für dieses Verfahren ist die Möglichkeit zur Herstellung beliebiger Dekore. Zur Verbesserung des „Holzeffektes" werden einige Profile auch noch geprägt. Außerdem kann auftragsbezogen bedruckt werden; damit entfallen die zusätzlichen Lagerkosten. Andererseits sind die Kapital- und Betriebskosten für solch eine Anlage, in der mit Lösungsmitteln gearbeitet wird, heutzutage sehr hoch. Außerdem ist die gedruckte Schicht relativ dünn, daher sind diese Profile kratzempfindlich.

Die Witterungsbeständigkeit dieser Profile ist sehr gut, sie haben sich seit vielen Jahren praktisch bewährt und können gütegesichert werden (RAL-GZ 716/1 Teil 6).

Beim so genannten „Kurz-Verfahren" wird das Dekor nach Reinigung der Profile unter Einfluss von Wärme und Druck „trocken" von einer Polyesterfolie in einer relativ einfachen Anlage auf das Profil übertragen (gedruckt). Dieses Verfahren funktioniert nur dann einwandfrei, wenn sehr saubere, glatte und ebene Profilflächen beschichtet werden sollen.

Die Dekorschicht ist sehr dünn, daher auch kratzempfindlich und die Folie ist relativ teuer. Für PVC-Fensterprofile hat dieses Verfahren daher keine Bedeutung erlangen können.

#### 5.4.3.4 Lackieren

Um dekorative Sonderwünsche zu erfüllen, werden hin und wieder Fensterrahmen nach dem Verschweißen, vor Montage der Beschläge, Dichtungen und Gläser in der vom Abnehmer gewünschten Farbe lackiert. Die Fenster können je nach Bedarf in beliebigen Farben und Stückzahlen lackiert werden. Diese Arbeiten können von jedem versierten Lackierbetrieb übernommen werden. Lacksysteme werden von allen bekannten Lackherstellern angeboten. Kosten durch Lagerhaltung und aufwändige Vorbehandlung der Profile entstehen nicht. Die Lackschicht ist relativ dünn, daher sind diese Fensterprofile kratzempfindlich; in ungünstigen Fällen, z. B. bei unsachgemäßer Reinigung und Grundierung der Rahmen vor dem Lackieren, kann die Lackschicht stellenweise abblättern.

#### 5.4.3.5 Mikrowellen-Plasma-Behandlung

Zur Verbesserung der Witterungsbeständigkeit von farbigen und transparenten PVC-Oberflächen wurden auch Versuche mit Beschichtungen im Mikrowellen-Plasma gemacht. Man verwendete dafür Monomere mit besonders hohen Abscheideraten im Plasma, die dann auf der PVC-Oberfläche in einer hauchdünnen Schicht aufpolymerisieren. Besonders gute Abscheideraten waren mit HMDSO =

Hexamethyldisiloxan, systematisch Bis-(trimethylsilyl-ether); $(CH_3)_3SiOSi(CH_3)_3$, zu erzielen. Untersuchungen dazu, die am IKV in Aachen durchgeführt wurden, zeigten, dass durch Copolymerisation von HMDSO mit anderen Monomeren im Mikrowellenplasma die Witterungsbeständigkeit und Kratzfestigkeit von PVC-Oberflächen erheblich verbessert werden kann. Technisch ist dieses Verfahren bisher nicht so weit entwickelt worden, dass es für die Oberflächenbehandlung von PVC-Fensterprofilen mit vernünftigem Kosten-Nutzen-Verhältnis eingesetzt werden kann. Es wird jedoch weiter daran gearbeitet. Von den oben beschriebenen Verfahren haben sich die Coextrusion, die Offline- und Inline-Folienbeschichtung und das „Nassbedrucken" in der Praxis bewähren und durchsetzen können.

### 5.4.4 Sonderextrusionsverfahren

Es hat nicht an Versuchen gefehlt, PVC-Fensterprofile mit besonderen Eigenschaften herzustellen. Der Wunsch, die Produktion der Fenster zu vereinfachen oder die Stabilität des Rahmenmaterials zu erhöhen, führte zu verschiedenen Ansätzen, die sich jedoch bis auf eine Ausnahme nicht haben durchsetzen können. Stellvertretend für solche Versuche sollen hier drei Verfahren zur Profilherstellung beschrieben werden.

#### 5.4.4.1 Coextrudierte Profile mit duroplastischem Kern und GF-Verstärkung

Diese Profile, die auch gütegesichert sind (RAL GZ 716/1 Teil 4), wurden von einem Hersteller in Deutschland unter dem Namen „Thermassiv" angeboten. Es handelt sich dabei um PVC-U-Hohlprofile, die einen vollmassiven, duroplastischen (UP-Harz, gefüllt mit Glashohlkugeln), mit Glasfaserstäben verstärkten Kern haben. Die der Freibewitterung ausgesetzte Außenseite der Profile ist mit einer coextrudierten PMMA-Schicht witterungsbeständig abgedeckt.

Für die Herstellung von Fenstern bedürfen diese Profile keiner Metallaussteifung. Sie müssen, da sie nicht mehr verschweißbar sind, nach einem speziellen Verfahren zusammengefügt werden. Fenster, Türen und Wintergärten aus diesen Profilen haben sich seit Jahren bewährt. Dieses System hat aber mit dem herkömmlichen, im Markt so erfolgreichen PVC-Fensterprofil, unabhängig von dem mehr als doppelt so hohen Preis, praktisch nichts mehr zu tun. Objektiv muss dieses System als Exot betrachtet werden, es ist für den Gesamtfenstermarkt ohne jede Bedeutung.

#### 5.4.4.2 Coextrudierte PVC-U-Profile mit GF-Verstärkung

Der Versuch, bei dem herkömmlichen PVC-U-Fensterprofil auf die Stahlaussteifung zu verzichten und die thermische Ausdehnung von PVC-Fensterprofilen zu unterdrücken, führte zu einem weiteren Exoten. Bei der ehemaligen DNAG (heute HT-Troplast) wurde ein spezielles PVC-Hohlprofil entwickelt. Dieses Profil besteht aus einem im Coextrusions-verfahren hergestellten mit Kurzglasfasern verstärkten hohlen PVC-Kern, der mit schlagzähem PVC-Fenstermaterial ummantelt wurde. Zur Verbesserung des Bewitterungsverhaltens wurden die Sichtseiten des Profils auch noch per Coextrusion im gleichen Arbeitsgang mit PMMA bedeckt.

Diese Profile konnten nach den üblichen vom PVC-U her bewährten Verfahren zu Fenstern verarbeitet werden. Bis zu Schenkellängen von ca. 1,5 m war eine Metallaussteifung des Profils nicht notwendig.

Im Markt durchsetzen konnte sich auch dieses Profil nicht, da zum Einen die GF-verstärkte PVC-Formmasse zu unverhältnismäßig hohem Verschleiß in Extrudern und Düsen führte, und zum Anderen die Verarbeiter zwischenzeitlich generell alle PVC-Fensterprofile aussteifen und außerdem die höheren Herstellkosten für das Profil und für das daraus hergestellte Fenster in keinem Verhältnis zu dem technischen Vorteil standen.

#### 5.4.4.3 Hauptprofil und Glashalteleiste mit coextrudierter Dichtung

Es wurde und wird immer wieder versucht, dem Fensterhersteller bestimmte Schritte in seiner Produktion zu vereinfachen. Oft wurden auch besondere Verfahren angewendet, um Wünsche bestimmter Verarbeiter bzw. derer Kunden zu befriedigen.

Da manche Hausfrauen eine schwarze Dichtung an der Glashalteleiste aus optischen Gründen als störend empfinden, haben einige Systemhersteller an bestimmte Glashalteleisten eine weiße Dichtung aus einer mit PVC verträglichen, elastischen Formmasse (PVC-P, APTK, Chlorkautschuk) anextrudiert.

Voilà!! Dem Wunsch des Kunden war entsprochen worden und der war zufrieden.

Nach einigen Monaten oder Jahren wurde diese anextrudierte Dichtung, wenn sie an der Außenseite des Fensters war, in der Regel gelb und schon ging der Ärger mit den Kunden los.

Es geht qualitativ nichts über eine schwarze, kräftig mit Ruß pigmentierte und stabilisierte Dichtung und solch eine wurde dann auch immer nach Entfernen der vergilbten Dichtung eingesetzt. Es gibt bis heute noch keine weich-elastische, mit PVC coextrudierbare Formmasse, die eine mit Hart-PVC-Fensterformmassen unter den Bedingungen der Anwendung in der Freibewitterung vergleichbare Farbhaltung aufweist.

Gegen das Coextrudieren einer mit Ruß schwarz pigmentierten Dichtung dagegen bestehen keine Bedenken. Daher werden inzwischen Hauptprofile und Glashalteleisten mit schwarz eingefärbten Dichtungen auf speziellen Werkzeugen coextrudiert. Beim Fensterbau erspart man sich das zeitaufwändige Einziehen der Dichtungen in die Hauptprofile und die Dichtungen sind verschweißbar, so dass ein jedes Fenster eine rundum laufende Dichtung hat.

### 5.4.5 Rezyklieren von und Prüfungen an Fensterrahmenprofilen

PVC-Fensterrahmen sind Bauteile mit einer Lebensdauer von mehr als 30 Jahren. Der Rücklauf ausgebauter PVC-Fensterrahmenprofile ist daher noch außerordentlich gering. Dennoch werden hier und dort PVC-Fenster, die in die Jahre gekommen sind, aus den unterschiedlichsten Gründen ausgebaut und durch neue Fenster ersetzt:

- Im Zuge der Erneuerung einer Fassade werden die alten Fenster aus ästhetischen oder technischen Gründen durch neue ersetzt.
- Die Fensterscheiben erfüllen nicht mehr die Anforderungen der Wärmeschutzverordnung oder sie sind von innen beschlagen. Dabei wird oft das ganze Fensterelement ersetzt.
- Die Beschläge und/oder Dichtungen sind veraltet oder unbrauchbar geworden. Man erneuert dann gerne – auch vor dem Hintergrund der geltenden Wärmeschutzverordnung – das ganze Fenster.

In allen diesen Fällen ist das PVC-Fensterprofil in technisch einwandfreiem Zustand. Es wäre nicht sinnvoll, diesen hochwertigen Werkstoff einer nachrangigen Verwertung zuzuführen oder gar zu deponieren.

Bei einem bekannten PVC-Rohstoffhersteller wurden die im Werk angefallenen gebrauchten PVC-Fensterprofile gesammelt und gemahlen. Die Profile stammten aus den Jahren 1968 bis 1975; die Fenster waren zwischen 20 und 25 Jahren im Einsatz, ohne dass es eine Beanstandung an den Eigenschaften der Profile gegeben hätte. Die Farben der Profile waren weiß, braun und anthrazit; das Mahlgut war ein Gemisch aus einzelnen PVC-Partikeln in diesen Farben.

Fensterprofile aus Rezyklat sind in ihrer Witterungsbeständigkeit nicht mehr ganz so leistungsfähig wie die Profile aus Neuware, weil das Material aus den langjährig bewitterten Oberflächen in seiner Farbhaltung etwas schwächer ist. Es hat sich als zweckmäßig erwiesen, die beim neuen Profil der erneuten Freibewitterung ausgesetzten Oberflächen und die Sichtflächen – zwecks Kaschierung der Farbmischung – mit einer mindestens 0,5 mm dicken Coextrusionsschicht aus Neuware zu beschichten. In diesem Fall hatte man sich bei der Coextrusionsschicht für ein neues Stabilisierungssystem auf Basis von Ca-Zn entschieden. Die so hergestellten Fensterprofile wurden gemäß der RAL-Güterichtlinie und der DIN 16830 Teil 1 und 2 wie Profile aus Neuware geprüft (siehe Tabelle 15).

**Tabelle 15:** Zusammenfassung der Prüfergebnisse aus Rezyklierversuch

| Eigenschaft | Einheit | Prüfvorschrift | Wert/Bemerkung |
|---|---|---|---|
| Kerbschlagzähigkeit | kJ/m² | DIN 53753; r = 0,1 mm; 23 °C | > 53; keine Trennung der Schichten |
| Kerbschlagzähigkeit | kJ/m² | ISO 179/1fc; 3 mm Restbreite; r = 0,1 mm; 23 °C | > 48 |
| Zug-E-Modul | N/mm² | ISO 527 | 2970 |
| Wärmeformbeständigkeit | °C | ISO 306 VST/B 50 | 78 – 79 |
| Schrumpf | % | RAL-GZ 716/1 | 1,5 |
| Stoßfestigkeit in der Kälte | | RAL-GZ 716/1 | bestanden |
| Verhalten nach Warmlagerung | | RAL-GZ 716/1 | ohne Risse, Blasen oder Delaminierung |
| Methylenchloridtest | | DIN 53419 | gut plastifiziert |
| Acetontest | | RAL-GZ 716/1 | wenig Spannungen |
| Kurzschweißfaktor | | RAL-GZ 716/1 | 0.98 |
| Eckfestigkeit | N | RAL-GZ 716/1 | berechnet: 5800, gemessen: 7600 |
| Thermostabilität | min | ISO 182/2 | Rezyklat: 72/ Coexmasse: 35 |

### 5.4.5.1 Ergebnisse der Prüfung von Rezyklaten

#### Die Zähigkeit

Gemäß der Güterichtlinie bzw. der DIN-Norm müssen die Formmassen für die Herstellung von PVC-Fensterprofilen eine hohe Zähigkeit und geringe Kerbempfindlichkeit aufweisen, da es sonst bei Herstellung der Fenster, deren Transport und Montage und beim späteren Gebrauch zu Schäden am Profil bzw. am Fenster kommen kann. Die Kerbschlagzähigkeit des Rezyklatprofils liegt, gemessen nach DIN 53753 (Doppel-V-Kerbe) und ISO 179/1fw (Doppel-V-Kerbe) auf hohem Niveau, eine Delaminierung zwischen dem Kernmaterial (Rezyklat) und der Deckschicht findet nicht statt.

### Der Elastizitätsmodul

Die Steifigkeit eines Profils wird, gleiche Geometrie vorausgesetzt, durch den E-Modul des Werkstoffes beschrieben. Berücksichtigt man, dass die meisten Fensterprofile mit Stahl- oder Aluminiumprofilen verstärkt werden, möchte man dem E-Modul des Fenstermaterials keine zu große Bedeutung beimessen; dennoch darf der geforderte Mindestwert nicht unterschritten werden, da allein schon durch die Kräfte am Fenster, ausgelöst durch die Druckverglasung oder das Gewicht der Scheiben, eine hohe Steifigkeit des Fensterprofilwerkstoffes unabdingbare Voraussetzung ist.

Der am Rezyklatprofil gemessene E-Modul liegt mit knapp 3000 N/mm$^2$ auf einem hohen Niveau.

### Die Wärmeformbeständigkeit nach Vicat (VST/B 50)

In der Güterichtlinie und in der DIN-Norm ist die Mindestwärmeformbeständigkeit nach Vicat (VST/B) mit > 75 °C festgeschrieben.

In Mitteleuropa wurde an weißen Fensterprofilen zwar nur max. 45 °C, an dunklen (schwarzen) Profilen jedoch Temperaturen von über 60 °C gemessen. Unter besonders ungünstigen Bedingungen (Stauwärme) sollen sogar Temperaturen von über 80 °C an dunkelbraunen Profilen gemessen worden sein.

Die heute am Markt anzutreffenden PVC-Fensterprofile haben in der Regel eine VST/B von 78 bis 80 °C. Die am Rezyklatprofil gemessenen Werte liegen zwischen 78 und 79 °C; die Wärmeformbeständigkeit der Profile erfüllt damit die Anforderungen der Richtlinien.

### Der Schrumpf

PVC-Fensterprofile werden im Heizelement-Schweißverfahren zu Fensterrahmen verschweißt. Zur Sicherstellung eines guten Schweißverhaltens ist es notwendig, dass der durch Wärmeeinfluss am Profil ausgelöste Schrumpf nicht größer als 2 % ist. Am Rezyklatprofil wurde ein Schrumpf von max. 1,5 % gemessen.

### Der Fallbolzentest

Diese Prüfung dient der Kontrolle der Widerstandskraft von PVC-Fensterprofilen gegen stoßartige Belastungen. Unter den Bedingungen –10 °C; 1,5 m Fallhöhe und einem Gewicht von 1 kg darf von 10 Proben eine brechen. Im Versuch ist bei einer Fallhöhe von 2 m (!) nur eine Probe gebrochen, die Anforderungen der Richtlinie werden erfüllt.

### Homogenitätsprüfungen

Es hat sich als zweckmäßig erwiesen, die Homogenität der PVC-Profilformmassen nach verschiedenen Verfahren zu prüfen. Nach den drei angewendeten Prüfmethoden (Warmlagerung, Methylenchloridtest; Acetontest) sind die Rezyklatprofile einwandfrei homogen und sie sind praktisch frei von inneren Spannungen.

### Schweißeignung und Festigkeit der geschweißten Ecke

Die Elastizität und die Fähigkeit zur Aufnahme von Bewegungen zwischen den Fenstern und dem Baukörper, d. h., die Kerbempfindlichkeit des thermoplastischen Materials, sind bei der geschweißten Fensterecke von eminenter Bedeutung. Die auf Gehrung geschnittenen Profile werden für die Herstellung der Fenster in aller Regel zu 90°-Winkeln verschweißt. Die geschweißten Ecken müssen eine Mindestelastizität und -festigkeit haben, damit bei Herstellung der Fenster, beim Transport und beim Gebrauch derselben keine Eckrisse auftreten. Die Bewegung, die eine geschweißte Ecke aufnehmen kann, korrekte Schweißbedingungen vorausgesetzt, wird im Wesentlichen von der Schweißeignung, aber auch vom E-Modul, der Zähigkeit und der Kerbempfindlichkeit des jeweiligen Werkstoffes bestimmt.

Für jeden Profilquerschnitt kann die theoretische Mindesteckfestigkeit errechnet werden; sie beträgt für das Rezyklatprofil ca. 5800 N. Tatsächlich gemessen wurde jedoch eine Festigkeit von ca. 7600 N. Die Schweißeignung des Rezyklats ist daher hervorragend, die erreichbaren Eckfestigkeiten sind voll ausreichend.

### Die Thermostabilität

Für den Fall, dass ein Fenster aus PVC-Rezyklat-Profilen nach einem Lebensweg von 25 bis 30 Jahren, aus welchen Gründen auch immer, wieder einer Rezyklierung zugeführt werden soll, wird eine ausreichende Thermostabilität von der PVC-Formmasse gefordert. Die am Rezyklat ermittelte Thermostabilität von > 70 min. reicht für weitere Rezyklierungsprozesse bei Weitem aus.

### Zusammenfassung

Wirtschaftliches Rezyklieren von PVC-Fensterprofilen wird erst dann möglich sein, wenn ausreichende Mengen ausgebauter Altfenster zur Verfügung stehen. In Deutschland existieren zur Zeit zwei große Rezyklieranlagen. Eine Anlage steht in Thüringen; sie wird von einem bedeutenden Fenterprofilhersteller alleine betrieben. Die zweite Anlage befindet sich in Nordrhein-Westfalen; sie wird über einen Zusammenschluss der anderen bedeutenden 15 Fensterprofilhersteller (FREI) betrieben. Beide Anlagen sind bei Weitem nicht ausgelastet. Einerseits ist die Zahl ausgebauter PVC-Fenster immer noch sehr gering, andererseits wird bei Weitem nicht jedes ausgebaute PVC-Fenster einer Rezyklierung zugeführt. Vielerorts ist es immer noch billiger Altfenster auf Deponien zu entsorgen als sie über das flächendeckende Sammelsystem ordnungsgemäß der Rezyklierung zuzuführen.

### 5.4.6 Mögliche Fehlerquellen und ihre Beseitigung

Vorab werden alle uns bekannten möglichen Fehlerquellen, die bei Herstellung von Compound und/oder seiner Weiterverarbeitung auftreten können, zusammengestellt.

Am Compound:

- Verunreinigungen,
- Mängel an Rohstoffen und Additiven im PVC-Rohstoff.

An der Verfahrenseinheit:

- Dosierung,
- Zylinder,
- Entgasung,
- Schnecken,
- Flansch,
- Düse,
- Kaliber,
- Kühlung.

An den Nachfolgeeinheiten:

- Abzug,
- Säge.

Im Falle von Problemen oder schwerwiegenden Störungen sollten zunächst alle denkbaren Fehlerquellen in Betracht gezogen werden. Zum frühzeitigen Eingrenzen der möglichen Ursachen für ein Problem ist es notwendig, das Problem genau zu erkennen bzw. analytisch zu bestimmen. Es führt nicht sehr weit, die Ursache in der Verfahrenseinheit zu suchen, wenn sie tatsächlich im Compound begründet ist. So kann man Inhomogenitäten im Profil relativ einfach lichtmikroskopisch erkennen. Stippen lassen sich einfach durch EDX-Analyse (EDX = Energie Dispersiv X-Ray) oder IR-Spektroskopie identifizieren, wobei die Analyse der umgebenden Matrix als Vergleich sehr wichtig ist. Halbquantitative und quantitative Analytik (spektroskopisch und/oder nasschemisch) hilft in der Regel, die Natur bzw. Herkunft von Stippen oder eingelagerten Fremdkörpern hinreichend genau zu klären.

An verschiedenen Beispielen werden mögliche, systematische Wege zur Erkennung von Fehlerursachen und deren Beseitigung erläutert.

#### 5.4.6.1 Dunkle Stippen

Aperiodisch auftretende dunkle Stippen auf den Sichtflächen der Profile führten beim Profilhersteller zu starker Verunsicherung, zumal oft eine einzige dicke Stippe eine 6 m lange Profilstange für den Verkauf unbrauchbar machte.

Es wurde versucht, mit Hilfe analytischer Methoden die Natur der Stippen zu klären. Ein „Handversuch" (Behandlung der Stippe mit dem Lösungsmittel THF unter einem Stereomikroskop bei etwa 15-facher Vergrößerung) hatte gezeigt, dass PVC in den Stippen enthalten ist. Die EDX-Analyse zeigte, dass quasi alle Rezeptkomponenten und PVC in den Stippen enthalten waren. Aufgrund ihres Löseverhaltens, ihrer Form und Größe schienen die Stippen im Wesentlichen aus verbrannten PVC-Körnern zu bestehen. Beim Absieben des Rohstoffes und des Compounds und ihrer Betrachtung auf der Retsch-Schüttelrinne, konnten keine Partikel, die zu solchen Stippen hätten führen können, identifiziert werden. Der Verdacht erhärtete sich, dass die Störungen auf dem Weg zwischen Tagessilo und Düse in das Material gelangten. Eine Compoundprobe direkt aus dem Maschinentrichter enthielt auch kein Ausgangsmaterial für Stippen, daher konnten diese nur im Extruder entstehen. Als nächstes wurde der Entgasungsdom inspiziert, da sich hier gerne Material ablagert und dann verbrennen kann. Die gründliche Inspektion des Entgasungsdoms und eine Befragung des Extruderpersonals ergab den folgenden Sachverhalt:

Beim Anfahren des Extruders wurde die Wasserringpumpe an der Entgasung aus technischen Gründen sofort mit eingeschaltet; wenn dann jedoch seitens des Personals vergessen wird, den Entgasungsdom zu öffnen, wird zunächst PVC-DB über die noch nicht „dichtenden" Schnecken angesaugt. Dieses Pulver bleibt teilweise an den Wandungen im Entgasungsdom hängen, verbrennt dort nach einigen Stunden und fällt dann auf die Schnecken zurück. Diese thermisch stark geschädigten PVC-Partikel werden nicht mehr aufgeschlossen und sie erscheinen als deutlich sichtbare Stippe im Profil.

Die regelmäßige Reinigung des Entgasungsdoms und eine korrekte Anfahrweise der Wasserringpumpe behoben das Problem schnell.

### 5.4.6.2 Helle Stippen

Periodisch auftretende helle bis graue Stippen auf den Profiloberflächen bei der Herstellung von Fensterprofilen aus gepfropftem PVC waren für den Verarbeiter der Anlass, um technische Unterstützung bei Lokalisation der Ursache für diese Stippen zu bitten.

Die EDX-Analyse zeigte, dass die Stippen im Wesentlichen aus Additiv und wenig PVC bestanden. Für solch eine Zusammensetzung gibt es erfahrungsgemäß nur zwei Quellen, den Heißmischer oder Plate-out. Aus dem Compound konnten Agglomerate abgesiebt werden, welche in der chemischen Zusammensetzung mit den Stippen identisch waren. Daher kam nur noch der Heißmischer als Ursache für diese Stippen infrage. Die Analyse des Heißmischprozesses ergab das folgende Bild:

Um die Kapazität des Kühlmischers voll nutzen zu können, wurde der Heißmischvorgang durch ein sehr schnell laufendes Werkzeug mit starker Friktion auf ca. 5 min verkürzt. Durch die heftige mechanische Energieeinleitung zu Beginn des Mischvorganges schmolzen die Additive schneller auf als sie vom PVC absorbiert werden konnten. Dadurch bildeten sich an der Luvseite des Werkzeugs und am oberen Rand des Mischerbehälters feste Agglomerate aus Additiv und „plastifiziertem“ PVC. Solche Agglomerate werden in den folgenden Verarbeitungsschritten erfahrungsgemäß nicht mehr aufgeschlossen. In diesem Fall bwirkte das Auswechseln des Mischwerkzeugs gegen ein Werkzeug mit weniger Friktion bei gleichzeitiger Reduktion der Werkzeugumfangsgeschwindigkeit durch Austausch der Riemenscheiben an Motor und Mischerbottich eine Heißmischzeit von 8 min und damit eine Eliminierung der Stippen.

### 5.4.6.3 Schlechtes Schweißverhalten

Ein Verarbeiter, der neben gepfropftem PVC auch S-PVC plus Modifier einsetzt, meldete hin und wieder auftretende Probleme bei Herstellung der PVC-Fensterrahmen und -flügel.

Beim „Abnuten“ der Schweißraupen an den geschweißten Rahmen und Flügeln im Putzautomaten kam es zu Materialausbrüchen („Chipping“) in der Nut. Parallel dazu wurden sehr stark schwankende Festigkeiten der geschweißten Ecken, auch an nicht verputzten Ecken, in der Produktionskontrolle festgestellt.

Man konnte zunächst keine Stippen oder Fremdkörper an den beanstandeten Profilen orten. Schweißversuche an den Profilen des Herstellers bestätigten allerdings die schwankenden Eckfestigkeiten.

Eine Analyse des Mischvorgangs zeigte, dass die Heißmischzeiten sehr knapp bemessen waren (6 min). Am Compound waren jedoch keine Mängel erkennbar. Die Produktionsextruder waren unterschiedlicher Herkunft, sie arbeiteten mit zylindrischen und konischen Schnecken; die beiden, auf den jeweiligen Extrudertyp abgestimmten Verarbeitungsrezepte waren sehr ähnlich, der Modifier war allerdings von der Menge her sehr knapp bemessen. Die Pyrolyse eines Profilabschnittes mit nachgeschaltetem Gaschromatographen zeigte, dass die beanstandeten Profile im Impactmodifier stets Butylacrylat (= nicht das spezielle gepfropfte PVC) enthielten.

Der gepfropfte PVC-Rohstoff ist sehr porös und enthält praktisch kein schwer aufschließ-bares PVC, daher konzentrierte sich die Recherche nun auf schwer aufschließbares PVC (= Glaskorn). Mikrotomschnitte in und neben den beanstandeten Schweißnähten zeigten, dass sich in der PVC-Schmelze sehr viele nicht aufgeschlossene „Glaskörner“ befanden. Materialausbrüche in der geschnittenen Nut an der geschweißten Ecke enthielten ebenfalls gut sichtbares Glaskorn. Es war daher naheliegend, die nicht aufgeschlossenen Glaskörner, die wie ein Füllstoff in der PVC-Formmasse eingelagert waren, als Quelle der Störungen zu sehen. Eine Verlängerung der Mischzeit im Heißmischer um 2 min und die Anhebung der Impactmodifiermenge um ein phr verbesserte die Plastifizierung der PVC-Formmasse soweit, dass dieses Phänomen später praktisch nicht mehr auftrat.

In einem anderen Fall traten beim Herstellen der Fenster nach dem Einschlagen der Glasleisten immer wieder Eckrisse auf. Die Untersuchung der Profile zeigte, dass deren Eigenschaften einwandfrei waren. Allerdings waren in den Ecken beim Verputzen der geschweißten Rahmen winzige Kerben eingeschlagen worden; bei geringfügig zu großem Übermaß der Glashalteleisten führte die erhöhte Spannung dann zur Rissbildung in der so vorgeschädigten Ecke. An diesem Beispiel erkennt man, dass oft erst eine Häufung von kleinen Fehlern zu Problemen führt.

### 5.4.6.4 Schlieren

Ein Profilhersteller hatte seit Jahren sehr erfolgreich und störungsfrei seine Fensterprofile aus dem Granulat eines renommierten Compoundherstellers extrudiert. Eines Tages erhielt der Compoundeur die Meldung, dass die Profiloberflächen seit jüngster Zeit immer wieder Strukturen (Schlieren, Christbäume, wood-effect) zeigten. Dieses Phänomen trat besonders bei den älteren Extrudern und bei den großen Werkzeugen auf. Da der Compoundhersteller keine Änderung am Rezept vorgenommen hatte, wurde der Rohstoffhersteller zu Rate gezogen. Im Rahmen der Diskussion um die möglichen Ursachen für diese Erscheinung schälte sich das Folgende heraus: Um der gestiegenen Nachfrage nach Granulat gerecht zu werden, hatte man im Granulierbetrieb stillschweigend und nichts Böses ahnend in kleinen Schritten den Durchsatz an den Granulierextrudern durch Erhöhung der Schneckendrehzahl dem Bedarf angepasst. Dadurch wurde jedoch weniger äußeres Gleitmittel beim Granulieren verbraucht, weil die Aufenthaltsdauer der

PVC-Formmasse im Granulierextruder deutlich verkürzt worden war. Dieser „Überschuss“ an äußerem Gleitmittel machte sich eines Tages an einem kritischen Punkt bei den älteren, weil schwächer plastifizierenden Anlagen mit großem Werkzeug durch den „wood-effect“ bemerkbar.

Durch die Reduktion des äußeren Gleitmittels im Rezept (in diesem Falle war es neutrales Pb-Stearat = Pb 28) um 0,05 Teile ließ sich das Problem lösen.

*Merke:* Alle Rezept- und Verfahrensänderungen beim Mischen, Granulieren und Extrudieren beeinflussen die Qualität der Profile.

Literatur kann zu diesem Fragenkomplex nicht angeboten werden, da dem Autor keine verlässlichen Quellen bekannt sind. Jedem Betroffenen kann nur geraten werden, stets von neuem unvoreingenommen an die Fragestellung heranzugehen und immer alle denkbaren Ursachen in Betracht zu ziehen; erfahrungsgemäß lernt selbst ein „alter Hase“ täglich neu dazu.

### 5.4.7 Die Profilbearbeitung

PVC-Fensterprofile werden auf dem Wege zum Fenster sowohl spanabhebend als auch thermoplastisch bearbeitet. Der Zuschnitt der Kunststoff-Profile und der Aussteifungsprofile erfolgt heute in der Regel auf elektronisch gesteuerten Sägen, in die lediglich die Endmaße des Fensters eingegeben werden müssen.

#### 5.4.7.1 Spanabhebende Bearbeitung

Die spanabhebende Bearbeitung der Profile besteht im Wesentlichen aus Sägen, Bohren und Fräsen. Diese Bearbeitung der Profile ist durch die VDI 2003 „Spanendes Bearbeiten von Kunststoffen“ geregelt. Die Vorgaben dieser VDI müssen unbedingt eingehalten werden, damit es bei der Bearbeitung von PVC nicht zu temporären lokalen Erhitzungen im PVC und der daraus möglicherweise resultierenden HCl-Abspaltung kommt.

Ein Rohstoffhersteller wurde in diesem Zusammenhang zu Anfang der 80er Jahre mit der Behauptung eines Fensterherstellers konfrontiert, dass die braun pigmentierten Profile aus gepfropftem PVC zu schwach stabilisiert seien. Bei der Verfolgung dieser Angabe stellte sich der folgende Sachverhalt heraus.

Die braunen Fenster wurden, weil in ihrer Zahl gering im Vergleich zur gesamten Fensterproduktion, immer am Samstag mit einer kleinen Mannschaft außerhalb des üblichen unter der Woche gelaufenen Herstellungsprogramms produziert. Die für die spanabhebende Bearbeitung üblichen Werkzeuge (Sägen, Bohrer, Fräser) wurden für die neue Arbeitswoche im Anschluss an diese Arbeiten gewechselt.

Daher erfolgte die Bearbeitung der braunen Profile stets mit relativ stumpfen Werkzeugen und mit zu hohen Schnitt- und Vorschubgeschwindigkeiten für das im Vergleich zu den weißen Profilen „weichere" braune Material. In der Folge kam es zu lokalen Erhitzungen, verbunden mit HCl-Abspaltung und der daraus resultierenden Korrosion der Werkzeuge. Nachdem der Verarbeiter auf die Vorgaben der VDI 2003 hingewiesen wurde, war dieses Problem gelöst.

Die meist vom Profilhersteller an den Fensterbauer gelieferten Profile haben Längen von ca. 6 m. Sie werden nach dem Konditionieren in der für die Herstellung des jeweiligen Fensters notwendigen Länge auf Gehrung gesägt. Das richtige Längenmaß errechnet sich dabei aus den gewünschten Fensterabmessungen und dem beim Schweißen der Profile entstehenden „Abbrand" (s. u.).

Die Bohrungen im Profil werden zur Befestigung von Aussteifungen und leichten Beschlägen heute meist mit selbstschneidenden Schrauben vorgenommen. Die Bohrungen zur Aufnahme von stark belasteten Beschlägen, Getrieben und Schlössern werden allerdings mit großen, langsam laufenden HSS-Bohrern hergestellt. Die Belüftung und Entwässerung der Profilvorkammern und des Glasfalzes erfolgt durch gefräste Schlitze, die – wegen des besseren Schallschutzes räumlich seitlich versetzt – von unten und vom Glasfalz aus in die Vorkammer führen. In einer weiteren Bearbeitungsstufe, dem so genannten Verputzen der geschweißten Rahmen und Flügel wird ebenfalls spanabhebend gearbeitet. Bei diesem Bearbeitungsschritt werden die Schweißraupen und -wülste in dafür entwickelten Automaten oder Halbautomaten mechanisch abgestochen und abgefräst.

In diesem Fall trat beim Abstechen der Schweißraupen hin und wieder das so genannte „Chipping" auf, seit die Maschinendurchsätze erhöht wurden. Die beim thermoplastischen Fügen der Profile (Schweißen) durch den Vorschub der Profile entstehenden Schweißwülste und -raupen (= Abbrand) werden mit einem scharfen Messer unter Zurücklassen einer flachen Nut auf den Sichtseiten der Profile abgestochen. Bei ungenügender Plastifizierung der PVC-Formmasse werden schwer plastifizierbare PVC-Körner, z. B. „Glaskörner", nicht aufgeschlossen und liegen quasi wie ein Fremdkörper in der PVC-Formmasse. Gerät das Messer beim Abstechen der Schweißraupe an ein solches PVC-Korn, dann wird dieses nicht durchschnitten, sondern aus dem Profil herausgerissen oder das Messer wird beim Schneiden aus der vorgesehenen Richtung abgelenkt (= Chipping). In beiden Fällen entsteht eine unsaubere Nut, die vom Verarbeiter nicht akzeptiert wird. Dieses Phänomen konnte für verschiedene Verarbeiter anhand von Durchlichtaufnahmen an Mikrotomschnitten durch die beanstandete Schweißnaht in der letzten Zeit häufig aufgeklärt werden. Eine Verbesserung der Plastifizierung beim Herstellen der Profile hat stets zu einer Lösung dieses Problems geführt.

### 5.4.7.2 Thermoplastische Bearbeitung

Die thermoplastische Bearbeitung des Profils besteht im Biegen und Schweißen.

#### Das Biegen

Die meisten Fenster sind rechteckig bzw. quadratisch mit geraden Schenkeln. Für architektonische Sonderwünsche können auch PVC-Fenster mit Bögen und Halbkreisen hergestellt werden. Die Profile dafür werden vor dem Verschweißen in einem Bad aus Glyzerin oder Di-ethylenglykol bei einer Temperatur von ca. 120 bis 130 °C etwa 2 min. lang erwärmt und in eine dem gewünschten Bogen entsprechende Schablone hineingezogen und dabei verformt. Nach dem Abkühlen des Profils, je nach Größe und Geometrie des Profils 6 bis 10 min., wird dieses aus der Form entnommen. Dann können Rahmen und Flügel des Fensters in der üblichen Weise durch Verschweißen der Profilabschnitte hergestellt werden.

#### Das Heizelementschweißen

Die Schenkel von Rahmen und Flügel werden im Verfahren des Heizelementschweißens miteinander verbunden. Eine Ausnahme bildet der Pfosten, der meistens aus Gründen der Stabilität mit den Schenkeln verschraubt wird. Wollte man einen Pfosten (senkrecht) oder einen Riegel (waagerecht) im Fenster einschweißen, müsste ein Teil des tragenden Profils ausgeklinkt werden, was der Stabilität des gesamten Fensters schadet. Die geschweißten Rahmen und Flügel passen, mit den notwendigen Toleranzen, genau zueinander, so dass sich die Fenster im Sommer und im Winter bequem öffnen und schließen lassen und dass sie stets gegen Wind und Schlagregen dicht sind. Die PVC-Fenster sollen streng nach Aufmaß, d. h. entsprechend dem zu verschließenden „Loch in der Mauer“ hergestellt werden. Daher gleicht nur selten ein Fenster exakt in der Größe dem anderen. Das bereitet allerdings – zumindest theoretisch – überhaupt keine Schwierigkeiten.

Das am Bau genommene Aufmass des Fensters wird beim Fensterbauer elektronisch verarbeitet, so dass die genauen Maße für die PVC-Profile plus „Abbrand“, die Aussteifungsprofile und die Glasscheiben errechnet werden. Wenn die Glasscheibe bestellt wird, geht parallel dazu der Auftrag zum Zuschneiden der PVC- und der Stahlverstärkungsprofile in die Fensterfertigung. Um Komplikationen beim Schweißen zu vermeiden, sind die Stahlprofile mindestens 25 mm kürzer als die kürzeste Seite (Gehrung) des jeweiligen PVC-Profils. Nach dem Anbringen der Belüftungs- und Entwässerungsschlitze werden die Aussteifungen in die Profile geschoben und in der Regel verschraubt. Die so vorbereiteten PVC-Profile gehen nun zur Schweißstation.

Die für die Herstellung von maßgenauen Fenstern verwendeten Schweißmaschinen haben einen hohen technischen Stand und müssen sehr zuverlässig arbeiten.

Die Anforderungen an diese Maschinen und das Verfahren sind in der DVS 2207 T 25 (DVS = Deutscher Verband der Schweißer) festgelegt. An dieser Stelle soll daher nur auf die wichtigsten Punkte, die beim Schweißen von PVC-Fensterprofilen zu beachten sind, eingegangen werden. Die meisten Probleme entstehen durch falsch eingestellte Temperaturen, große Differenzen zwischen Soll- und Ist-Temperaturen, falsche Anwärm- und Fügezeiten und durch falsch eingestellte Drücke am Schweißautomaten (Tabelle 16). Es ist daher zweckmäßig und notwendig, dass zu Beginn einer jeden Schicht im Fensterbaubetrieb die Funktionen der Automaten peinlich genau kontrolliert werden. Dabei ist auch zu beachten, dass innerhalb eines Profilprogramms auf Basis des gleichen Werkstoffes bei unterschiedlichen Profilquerschnitten wegen der begrenzten Wärmekapazität der Schweißspiegel auch mit unterschiedlichen Spiegeltemperaturen gearbeitet werden muss.

**Tabelle 16:** Die häufigsten Probleme beim Schweißen

| Problem | mögliche Ursache | mögliche Maßnahme |
|---|---|---|
| Schweißraupe ist verfärbt | Schweißspiegel zu heiß | Temperatur korrigieren |
| | Anwärmzeit zu lang | Zeit verkürzen |
| Eckfestigkeit zu gering | Spiegeltemperatur nicht korrekt | Temperatur korrigieren |
| | Temperatur der Schweißraupenbegrenzung zu tief | Temperaturen korrigieren |
| | Fügedruck zu hoch | Druck korrigieren |
| | Gehrungswinkel ungenau | Schnittwinkel an der Gehrungssäge prüfen |
| | Spiegel falsch eingestellt | Spiegel justieren |
| | Gasblasen in der Schweißnaht | Profile trocknen |
| | Profile zu kalt (Kondensat) | Profile mindestens 24 h konditionieren |
| | Profil schlecht plastifiziert | Profilherstellung optimieren |
| | Plate-out in der Düse | Rezept oder Verarbeitungsbedingungen optimieren |
| Abbrandreste in der Schweißnaht | Folie auf dem Schweißspiegel verschmutzt | Folie erneuern |

*Allgemeingültige Vorgaben:*

- Temperatur am Schweißspiegel: 245 bis 255 °C
- Temperatur der Schweißraupenbegrenzer: 45 bis 55 °C
- Anwärmzeit für das Profil: 20 bis 25 s
- Fügezeit: 30 bis 50 s
- Fügedruck (Druck in der Schweißnaht): 0,5 bis 1,0 N/mm$^2$

In der Schweißstation werden die gekennzeichneten Profile in einen Mehrkopfschweißautomaten eingelegt und computergesteuert zu den Rahmen verschweißt. In den daran angeschlossenen Putzstationen werden die Schweißraupen abgeschnitten und die Schweißwülste werden, wo notwendig, mit Fräsern und Stecheisen entfernt.

Hinsichtlich der oft diskutierten Arbeitshygiene beim Schweißen von PVC-U-Fensterprofilen ist das Folgende festgestellt worden. Beim Heizelementschweißen von PVC-Fensterprofilen wird monomeres Vinylchlorid nicht freigesetzt und stellt daher kein gesundheitlich bedenkliches Risiko dar. Die unmittelbar am Schweißautomaten freigesetzten Mengen an Chlorwasserstoff liegen weit unter dem zulässigen MAK-Wert von 5 ml/m$^3$ und auch deutlich unter der Wahrnehmungsschwelle. Dioxine werden bei den üblichen Schweißtemperaturen nicht gebildet und auch nicht freigesetzt.

Werden PVC-U-Fensterprofile sachgemäß verarbeitet, ist daher keine gesundheitliche Beeinträchtigung für die mit diesen Arbeiten betrauten Menschen zu erwarten.

Seit neuestem wird als thermoplastische Verbindungsmethode das „multiorbitale Reibschweißen" vorgeschlagen. Das Reibschweißen an sich ist eine seit vielen Jahren für Kunststoffe bewährte Verbindungsmethode. Bei Profilen, speziell bei PVC-Fensterprofilen, konnte dieses Verfahren bisher wegen der komplizierten Profilquerschnitte nicht angewendet werden. Mit dem Multiorbitalverfahren soll es angeblich problemlos funktionieren. Dabei wird die notwendige Schmelzwärme durch multiorbitales Reiben unter Druck direkt in das zu verschweißende Material eingebracht. Anschließend lässt man die Profilstücke unter Druck auskühlen. Ob sich dieses Verfahren für PVC-Profile durchsetzt, muss sich erst noch zeigen.

#### 5.4.7.3 Kleben von PVC-Fensterprofilen

Die heute übliche und materialgerechte Verbindung von Fensterprofilen ist die thermoplastische Verschweißung. Teile aus gepfropften PVC und PVC können aber auch sehr gut miteinander verklebt werden.

Durch die folgenden Richtlinien und Normen ist das Verkleben von PVC-U-Teilen geregelt:

- VDI-Richtlinie 3821 9/78 Kleben von Kunststoffen
- VDI-Richtlinie 2534, Blatt 1, Oberflächenschutz mit Folien
- DIN 16970, Klebstoffe zum Verbinden von Rohren aus PVC-U Gütegem. Kunststoffrohre, Richtlinie R 1.1.7
- DVS-Merkblatt 2204, Kleben von thermoplastischen Kunststoffen

Bei PVC-Fenstern werden hin und wieder Wetterschenkel und Rollladenlaufschienen mit den Hauptprofilen des Fensters verklebt. Das Verkleben der Verglasungsklötze im Glasfalz des Flügelprofils hat sich auch bewährt; die Klötze bleiben dann auch beim Transport der Fenster dort wo sie sein sollen. Dieses Verfahren wird jedoch wegen des zusätzlichen Zeitaufwandes nicht immer angewendet.

Für die Verklebungen werden üblicherweise lösemittelhaltige Kleber verwendet, da diese aus nur einer Komponente bestehen und verarbeitungsfertig in Dosen oder Tuben lieferbar sind. Es werden auch Mehrkomponentenkleber für diesen Sektor angeboten, sie haben sich jedoch wegen des aufwendigeren „Handling" und wegen der begrenzten Topfzeiten nicht durchsetzen können. Die Verarbeitung der Einkomponentenkleber ist einfach. Die zu verklebenden Flächen werden nach dem Reinigen – jede für sich – dünn mit Kleber bestrichen und sofort zusammengefügt. Aus der Klebestelle heraustretende Kleberreste sollen sofort vollständig entfernt werden, da sich Kleber bei direkter Belichtung und Bewitterung deutlich anders verfärben als das PVC-Profil. Die Klebestelle erreicht binnen weniger Stunden ihre volle Festigkeit.

Die im Folgenden genannten Firmen bieten für PVC-U geeignete Kleber an (Auswahl):

- Henkel KG aA. Düsseldorf
- Helmitin-Werke, Pirmasens
- Bostik GmbH, Oberursel
- Isar-Rakoll, München
- Kömmerling, Chemische Werke, Pirmasens
- 3M Deutschland GmbH, Neuss.

#### 5.4.7.4 Reinigen von PVC-Fensterprofilen

Die PVC-Fensterrahmenprofile werden üblicherweise zusammen mit den Glasscheiben mit den dafür üblichen Reinigungsmitteln sauber gehalten. Aus verschiedenen Gründen kann es notwendig werden, dass die Fensterrahmenprofile gesondert gereinigt werden müssen. Dabei sollte bei der Auswahl des geeigneten Reinigungsmittels in der folgenden Reihenfolge vorgegangen werden:

- klares Wasser,
- Wasser mit Haushaltsreiniger,
- Haushaltsreiniger „pur",
- Spiritus,
- Waschbenzin,
- spezieller Kunststoff-Fensterreiniger, Lösemittel-frei,
- Kunststoffreiniger Lösemittel-frei,
- Lösungsmittel wie z. B. THF, Methylenchlorid, Aceton, Cyclohexanon, MEK, Essigester.

Als Lösemittel für PVC werden z. B. Ester, Aromaten, Ketone und Halogenkohlenwasserstoffe verwendet.

*Es soll an dieser Stelle aber ganz deutlich darauf hingewiesen werden, dass die Behandlung von PVC-Fensterprofilen mit einem Lösemittel für den Laien verboten ist.*

PVC-Profiloberflächen, die mit einem Lösemittel behandelt wurden, haben eine deutlich schwächere Witterungsbeständigkeit als die unbehandelten Oberflächen. Jeder Einfluss von Lösemitteln wird daher früher oder später am bewitterten Teil durch Verfärbung und/oder Fleckenbildung unangenehm deutlich sichtbar. Lösemittel dürfen daher nur von einem Fachmann und auch dann nur unter größter Vorsicht angewendet werden, wenn alle anderen Mittel versagten.

Einen besonderen Fall von Verunreinigungen stellen Bleistiftstriche dar. Diese Striche werden oft aus Gedankenlosigkeit bei Herstellung und Montage der Fenster auf den Hauptprofilen angebracht. Hier hilft stets, da alle üblichen Reinigungsmittel versagen, ein Radiergummi.

Kleine Kratzer auf den Sichtflächen der Profile kann man mit einer Lammfellrolle wegpolieren, oder mit einer Schwabbelpaste, wie sie z. B. beim Beipolieren von Automobillacken verwendet wird. Tiefere Kratzer werden mit einer Sisalrolle egalisiert und dann mit der Lammfellrolle poliert.

## 5.5 Extrusion von Platten, Bahnen und Folien

Platten aus PVC-U und PVC-P werden im Bauwesen, im Elektro- und Werbesektor und im Maschinen- und Apparatebau verwendet. Sie werden sowohl transparent als auch gedeckt pigmentiert im Extrusionsverfahren gemäß Bild 14 hergestellt. Die PVC-Formmasse wird entweder aus dem Dryblend oder aus Granulat auf großen Kaskaden- oder Doppelschneckenextrudern plastifiziert. Dabei wird die gut homogenisierte Formmasse in einer Breitschlitzdüse bis zu einer Breite von 2000 mm, in Ausnahmefällen bis zu 3000 mm ausgeformt, auf einem temperierbaren Walzwerk geglättet und gekühlt. Die Ränder der Platte werden beschnitten und anschließend werden die Platten auf die gewünschte Länge geschnitten und gestapelt. Auf speziellen Nachfolgeeinrichtungen können die Platten gewellt und/ oder biaxial gereckt werden. Diese Platten können je nach Düsenkonstruktion eine Dicke von 0,2 bis zu 25 mm haben.

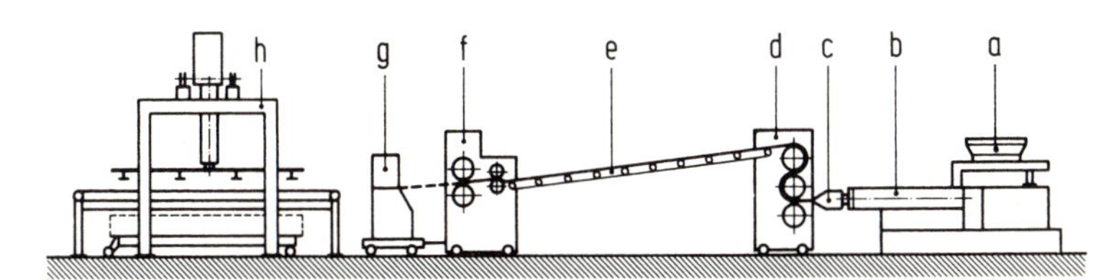


**Bild 14:** Prinzip einer Platten-Extrusionsanlage
a: Dosiergerät, b: Extruder, c: Breitschlitzdüse, d: Glättwerk, e: Rollenbahn, f: Plattenabzug, g: Quertrenneinheit, h: Plattenstapler
(aus: Becker/Braun: Kunststoffhandbuch 2/2 Polyvinylchlorid, Carl Hanser Verlag)

PVC-Platten werden als

- kompakte,
- geschäumte,
- coextrudierte

Platten hergestellt.

*Kompakte Platten* sind thermoformbar; sie haben glatte, geschlossene Oberflächen und sie sind witterungs- und korrosionsbeständig. Ihre spektakulärste Anwendung sind große tiefgezogene Fassadenelemente, die sich durch ihre einfache Montage, ihre hohe Witterungsbeständigkeit, Pflegeleichtigkeit und ihre durch die Bombierung bedingte Temperaturunempfindlichkeit gerne für großflächige Fassaden an Büro-Technikums- und Laborgebäuden genommen werden. Sie werden auch im Maschinen-, Elektro- und Gehäusebau und auf dem Werbesektor gerne verwendet.

*Geschäumte Platten* werden entweder direkt aus Integralschaum oder im Coextrusionsverfahren hergestellt. Sie werden gerne wegen ihrer hohen Steifigkeit, ihrem niedrigen Volumengewicht, wegen ihren Isoliereigenschaften und wegen ihrer leichten, holzähnlichen Bearbeitbarkeit verwendet. Während der Coextrusion kann man den Außenschichten außerdem noch spezielle Eigenschaften (Farbe, Beständigkeit etc.) mitgeben.

Eine weitere Möglichkeit, Platten mit speziellen Eigenschaften aus PVC-U herzustellen ist das Pressen aus Folien oder Walzfellen. Dieses Verfahren ist für die Herstellung großer Mengen nicht wirtschaftlich, es beinhaltet jedoch die Möglichkeit, kleine Aufträge sehr flexibel abzuwickeln. Auf diesem Wege erzeugt man Platten aus nachchloriertem PVC (C-PVC), die sich durch besonders hohe Chemikalienbeständigkeit und Wärmeformbeständigkeit im Dauergebrauch auszeichnen. Sie werden daher gerne für den chemischen Apparatebau verwendet. Ebenso werden hochtransparente Platten mit besonders glatten und brillanten Oberflächen für Zeichengeräte oder Sichtfenster oder mehrfarbige Schichtplatten für Werbezwecke erzeugt. Diese Platten werden in Etagenpressen in Größen von 1000 × 2000 mm und Dicken bis zu 100 mm gefertigt.

Die so genannten PVC-U-Stegdoppel- und -dreifachplatten sind, korrekt betrachtet, großflächige Profile und werden auch nach dem Verfahren der Profilextrusion erzeugt. Platten und dicke Folien aus PVC-P werden auch im Extrusionsverfahren gemäß Bild 14 erzeugt, man verwendet sie besonders gerne für Schwing- und Rolltore, die den Durchgang von Tageslicht gestatten, aber gegen kalte oder warme Zugluft schützen. Diese Tore haben sich besonders in Gebäuden mit Staplerbetrieb bewährt, da man leicht erkennt, was sich hinter dem Tor abspielt. Weiterhin werden Fußbodenbeläge als PVC-P-Platten hergestellt. Besonders hochwertige Fußbodenbeläge werden auch im Pressverfahren (s. o.) erzeugt.

Ähnlich wie die Platten können auch im Chill-Roll-Verfahren Flachfolien aus PVC-U und PVC-P hergestellt werden. Dabei werden die Folien vom Extruder durch eine spezielle Breitschlitzdüse gepresst und dann auf gekühlten Walzen abgezogen und aufgewickelt (Bild 15).

Dünne Folien aus PVC-U und PVC-P kann man auch als Blasfolie herstellen. Bei diesem Verfahren wird über eine spezielle Ringdüse ein Schlauch extrudiert, der mit Druckluft zu einer dünnen Folie aufgeblasen und nach dem Abkühlen, das in der Regel mit Luft geschieht, aufgerollt wird (Bild 16).

Besondere Bedeutung haben diese Verfahren bisher nicht erlangt, da die meisten PVC-Folien auf Kalandern (s. nächstes Kapitel) erzeugt werden.

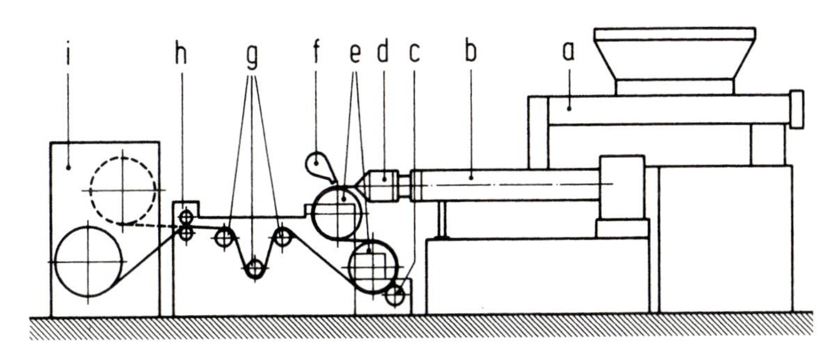


**Bild 15:** Prinzip einer Flachfolien-Extrusionsanlage
a: Schnecken-Dosiergerät, b: Extruder, c: Gummi-Andruckwalze, d: Folien-Breitschlitzdüse, e: Chill-Roll-Walzen, f: Luftrakel, g: Umlenkwalzen, h: Schneidvorrichtung, i: Folienwickler
(aus: Becker/Braun: Kunststoffhandbuch 2/2 Polyvinylchlorid, Carl Hanser Verlag)

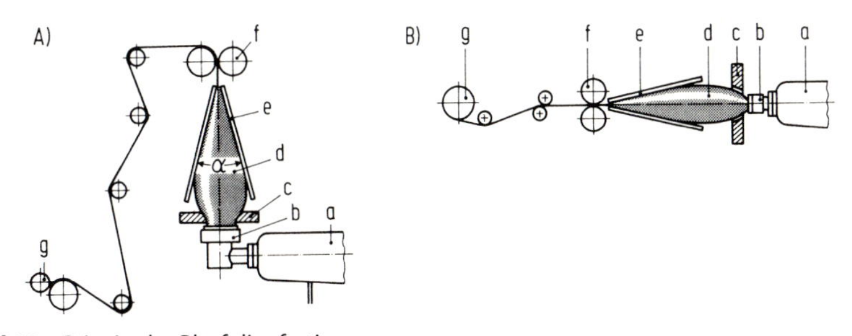


**Bild 16:** Prinzip der Blasfolienfertigung
A) vertikale, B) horizontale Arbeitsweise
a: Extruder, b: Blaskopf, c: Kühlring, d: Folienschlauch, e: Flachlegevorrichtung mit dem Öffnungswinkel a, f: Quetschwalzenpaar, g: Folienwickel
(aus: Becker/Braun: Kunststoffhandbuch 2/2 Polyvinylchlorid, Carl Hanser Verlag)

## 5.6 Kalandrieren

Von allen Thermoplasten ist PVC mit und ohne Weichmacher mit Abstand das am häufigsten verwendete Material für die Verarbeitung auf Kalandern. Kalanderfolien aus PVC-U und PVC-P werden geografisch gesehen aus historischen Gründen sehr unterschiedlich verwendet. Die ersten industriell gefertigten PVC-Hartfolien wurden in Deutschland aus E-PVC nach dem Luvithermverfahren (s. u.) hergestellt. Nachdem Jahre später geeignete Stabilisierungen für die Herstellung von Hartfolien aus S-PVC nach dem Hochtemperatur-Verfahren entwickelt worden waren, konnten diese auch nach diesem (HT-Verfahren) kalandriert werden. Da es in den USA zunächst nur S-PVC gab, wurden dort wegen der unzureichenden Stabilisierbarkeit von PVC-U zunächst nur PVC-Weichfolien auf Kalandern hergestellt. Daher hat die Verwendung von PVC-Hartfolien in Europa und in Japan einen wesentlich höheren Stellenwert als in den USA. Heute werden in Europa etwa 90 % aller PVC-Folien (harte und weiche) kalandriert, weil sich das PVC wegen seines breiten Plastizitätsbereichs besonders gut für die Verarbeitung auf Walzen eignet und weil die PVC-Folien auf modernen Kalandern in ausgezeichneter Qualität, hoher Produktionsleistung und Wirtschaftlichkeit hergestellt werden können.

Die gesamte Kalanderanlage besteht aus mehreren Maschineneinheiten, die in Reihe geschaltet sind:

- Mischanlage,
- Vorplastifizierung,
- Kalander,
- Nachfolgeeinrichtungen wie Veredelungs- und Kaschiereinrichtungen,
- Aufwickelung.

Diese einzelnen Maschineneinheiten müssen für eine wirtschaftliche Produktion optimal aufeinander abgestimmt sein.

Die Bedeutung des Mischprozesses für PVC-Formmassen im Hinblick auf die spätere Verarbeitung wurde bereits im Kapitel „Compounds“ erläutert. Das Beschicken des Kalanders mit vorplastifizierten PVC ist ein ebenso bedeutender Verfahrenschritt. Er erfolgt entweder mit „Bändern“, die kontinuierlich von einer Mischwalze oder einem Extruder abgenommen werden, oder diskontinuierlich mit „Brocken“ aus dem Kneter bzw. dem Extruder. Die kontinuierliche Beschickung des Kalanders hat den Vorteil, dass es weder zu großen Differenzen bei der Verweilzeit des Materials am ersten Walzenspalt kommt, noch dass zu starke Druckschwankungen zu unerwünschten Dickentoleranzen führen, daher werden heute fast alle modernen Kalanderanlagen mit dem vorplastifizierten PVC kontinuierlich beschickt.

Bei den Kalandern gab es früher die unterschiedlichsten Bauformen mit jeweils 4, 5 oder 6 Walzen in unterschiedlicher Anordnung. Heute haben sich die L- oder F-Kalander mit 4 oder 5 Walzen durchgesetzt (Bild 17). Stand der Technik sind heute Anlagen mit Walzenbreiten von mehr als 2,5 m und Durchmessern bis 0,5 m.

Alle Walzen sind hinsichtlich ihrer Drehzahl, Temperatur und Stellung separat ansteuerbar, wegen der Dickensteuerung der Folie sind sie vertikal und schräg verstellbar und exakt temperierbar.

Das Prinzip des Kalanderns nach dem Hochtemperatur (HT)-Verfahren beruht darauf, dass plastifiziertes PVC immer von der kühleren zur heißeren und von der langsameren zur schnelleren Walze läuft (Bild 18). Auf diese Art werden aus Brocken oder Bändern auf dem Walzwerk Folien mit sehr gleichmäßiger Dicke

| Bauform | Bevorzugter Einsatz |
|---|---|
| 2-Walzenkalander, I-Form<br>3-Walzenkalander, I-Form | Fußbodenbeläge |
| 4-Walzenkalander, I-Form | PVC-hart-Folien |
| 4-Walzenkalander, F-Form<br>4-Walzenkalander, F-Form mit nachgestellter Brustwalze | PVC-weich-Folien |
| 4-Walzenkalander, L-Form<br>5-Walzenkalander, L-Form<br>6-Walzenkalander, L-Form | PVC-hart-Folien |
| 4-Walzenkalander, Z-Form | PVC-weich-Folien |
| 4-Walzenkalander, S-Form | PVC-hart-und -weich-Folien |

**Bild 17:** Kalanderbauformen
(aus: Becker/Braun: Kunststoffhandbuch 2/2 Polyvinylchlorid, Carl Hanser Verlag)

und guter Oberflächenqualität erzeugt. Diese Folien können in den Nachfolgeeinheiten weiter veredelt, z. B. gereckt, auf ihre endgültige Dicke gebracht und ggf. geprägt werden. Die Aufwickelung der abgekühlten Folie erfolgt auf so genannten Mehrfachwendewicklern, die einen Rollenwechsel bei hohen Wickelgeschwindigkeiten im laufenden Betrieb ermöglichen.

Bei dem Luvithermverfahren (Niedertemperaturverfahren) ist der Veredelungsschritt ein „Muss" (Bild 19). Nach diesem Verfahren wurden überhaupt die ersten PVC-Hartfolien hergestellt. Dabei wird vorplastifiziertes E-PVC in den Kalanderspalten zu einer ziemlich spröden Folie quasi zusammengepresst. Diese Folie wird sofort inline auf speziellen Schmelzwalzen kurzzeitig so stark erhitzt, dass sie ähn-

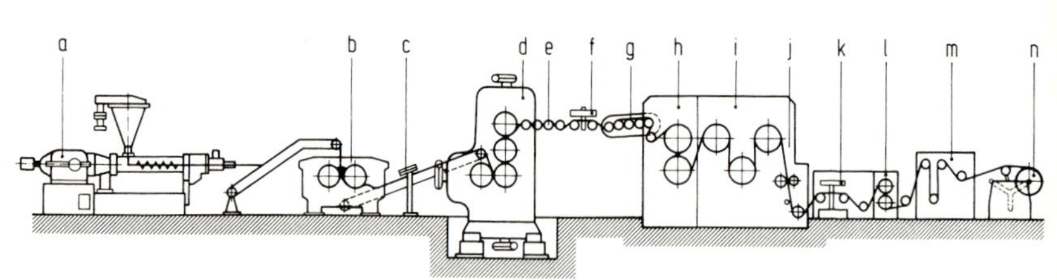


**Bild 18:** Herstellung von PVC-hart-Folien nach dem „Hochtemperatur"-Verfahren
a: kontinuierliche Geliermaschine, b: Walzwerk, c: Metall-Suchgerät, d: 4-Walzen-L-Kalander, e: Mehrwalzenabzug, f: Dicken-Messanlage zum Steuern des letzten Kalanderspaltes, g: Rollenbahn, h: Temperwalzen, i: Kühlwalzen, j: Randstreifen-Schneidanlage, k: Dicken-Messanlage zur Kontrolle der Endfoliendicke, l, m: Abzugs- und Tanzerwalzen, n: Wendewickler
(aus: Becker/Braun: Kunststoffhandbuch 2/2 Polyvinylchlorid, Carl Hanser Verlag)

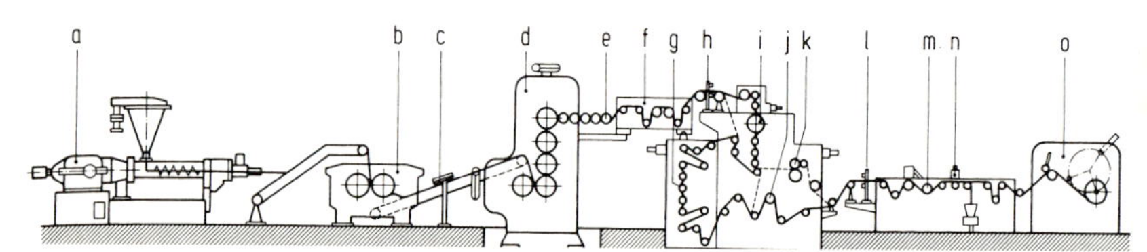


**Bild 19:** Herstellung von PVC-hart-Folie nach den „Niedertemperatur"-Verfahren
a: kontinuierliche Geliermaschine, b: Walzwerk, c: Metall-Suchgerät, 5-Walzen-Kalander, L-Form, e: Mehrwalzenabzug, f: Rollenbahn zum Führen der Folie, g: Rollenreckstrecke zum Recken im thermoelastischen Bereich, h: Dicken-Messanlage zum Steuern des letzten Kalanderspaltes, i: Schmelzwalze („Luvitherm-Walze") zur thermischen Nachbehandlung, j: Kühl- und Temperwalzen, k: Prägewerk, l: Dicken-Messanlage, m: Tänzerwalzen, n: Randstreifen-Schneidanlage, o: Wickler mit automatischer Schneid- und Anlegevorrichtung
(aus: Becker/Braun: Kunststoffhandbuch 2/2 Polyvinylchlorid, Carl Hanser Verlag)

lich wie eine nach dem Hochtemperaturverfahren hergestellte Folie durch Recken auf temperierten Rollenstrecken weiter vergütet werden kann. Durch geschickte Temperaturführung in der Reckstrecke und durch das geeignete Reckverhältnis werden Folien mit hervorragenden mechanischen Eigenschaften erzeugt.

In den weiteren Nachfolgevorrichtungen können die Folien kaschiert, doubliert, geprägt und lackiert werden. Da diese letzteren Vorgänge ein begrenzender Faktor für die Kalanderkapazität sein können, werden sie oft auf separaten Anlagen (offline) durchgeführt.

PVC-P-Folien werden ebenfalls auf Kalandern, hauptsächlich F-Kalandern (Bild 20), erzeugt. Diese Folien können wegen ihres Weichmachergehaltes bei wesentlich niedrigeren Verarbeitungstemperaturen hergestellt werden.

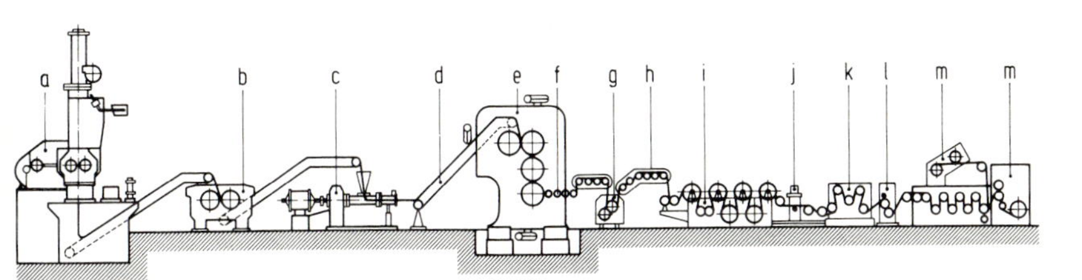


**Bild 20:** Herstellung von PVC-weich-Folien
a: Innenmischer, b: Walzwerk, c: Strainer-Extruder, d: schwenkbares Beschickungsband, e: 4-Walzen-Kalander, f: Mehrwalzenabzugsvorrichtung, g: Prägewerk, h: Rollenbahn, i: Temper- und Kühlwalzen, j: Dickenmessanlage, k: Tänzerwalzen zur Aufnahme der Wickelspannung, l: Doppellängsschneidwerk zum Randbeschnitt, m: Wickler mit automatischer Abschneide- und Anlegevorrichtung
(aus: Becker/Braun: Kunststoffhandbuch 2/2 Polyvinylchlorid, Carl Hanser Verlag)

Dünne und transparente PVC-P-Folien gehen vornehmlich in den Verpackungssektor. PVC-P-Fußböden sind meist dicke, hochgefüllte Folien, die auch mehrschichtig hergestellt werden können; dabei werden bis zu 4 Schichten auf Laminiermaschinen miteinander verschweißt.

Zu Spezialverfahren wie z. B. die Kombination von Extruder und Kalander wird auf die entsprechende Fachliteratur verwiesen.

## 5.7 Spritzgießen

Beim Spritzgießen werden gut plastifizierte PVC-U- und PVC-P-Formmassen durch eine Schnecke unter hohem Druck diskontinuierlich in eine temperierte Form gespritzt und unter Nachdruck gehalten. Ist der Forminhalt hinreichend abgekühlt, wird das gespritzte Teil beim Öffnen der Form durch eine Vorrichtung ausgeworfen. Währenddessen plastifiziert die Schnecke im Zylinder der Maschine weiteres PVC und transportiert es vor die Schneckenspitze. Die Form schließt sich und der Füllvorgang beginnt erneut. Dabei drückt die Schnecke die Schmelze unter hohem Druck durch die Düse in die Spritzform und hält den Druck bis zur Abkühlung der Formmasse (Bild 21).

Je nachdem wie der Schmelzeguss in die Form erfolgt, werden unterschiedliche Angussformen verwendet (Bild 22).

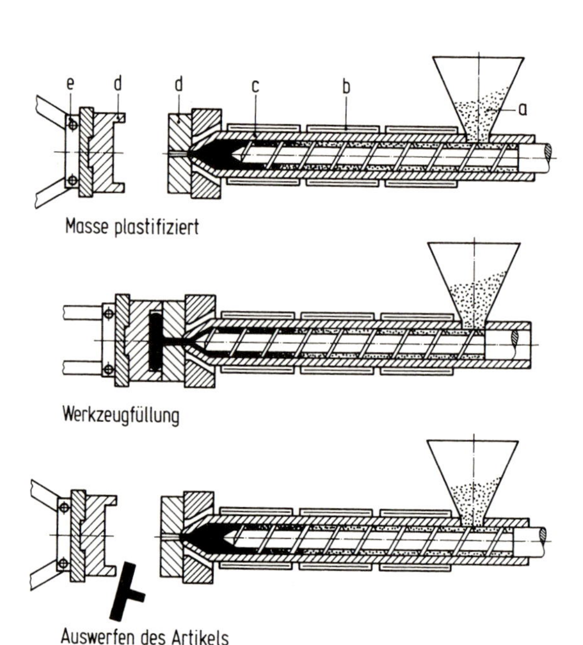


**Bild 21:** Zyklusablauf beim Spritzgießen
a: Massetrichter, b: Heizung, c: Plastifizierzylinder, d: Spritzgießwerkzeug, e: Schließeinheit
(aus: Becker/Braun: Kunststoffhandbuch 2/2 Polyvinylchlorid, Carl Hanser Verlag)

Die häufigsten PVC-Spritzgussanwendungen sind:

- Kanal- und Abflussrohrformstücke (Fittings),
- Gehäuse für Elektrogeräte, Elektro- und Wasserinstallationen,
- Möbel- und Isolierteile,
- Laborgeräte und sonstige Behälter,
- Behälter für Lebensmittel und Kosmetika,
- Fittings für Druckrohre,
- Schuhsolen, Spielzeug, Kfz-Zubehör,
- Rohlinge zum Spritzblasen.

Dabei nutzt man gerne die gute Chemikalienbeständigkeit und Widerstandsfestigkeit von PVC gegen Öle und Fette.

Beim Spritzen von PVC-U-Teilen, insbesondere bei großflächigen und/oder schweren Teilen soll die PVC-Formmasse eine besonders gute Fließfähigkeit und gute

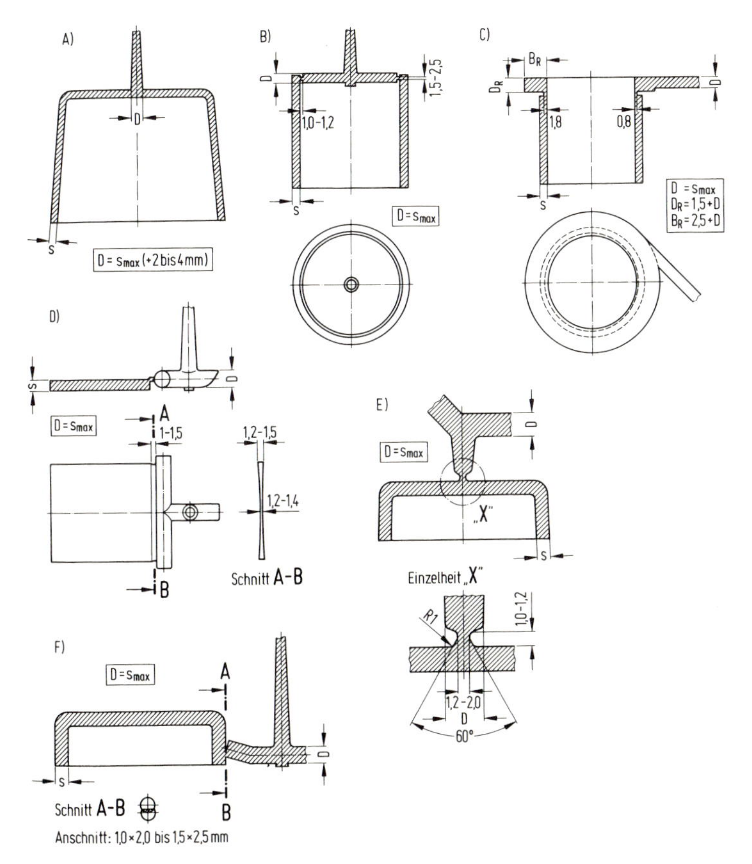


**Bild 22:** Angusssysteme beim Spritzgießen von PVC
A) Stangenanguss, B) Schirmanguss, C) Ringanguss, D) Filmanguss, E) Punktanguss, F) Tunnelanguss
(aus: Becker/Braun: Kunststoffhandbuch 2/2 Polyvinylchlorid, Carl Hanser Verlag)

Thermostabilität haben, weil einerseits die hohen Scherkräfte und Temperaturen das PVC besonders belasten und weil andererseits die Materialströme in der kühlen Spritzgussform zusammenlaufen und sich gut verbinden müssen. Hierfür werden polymere Flowmodifier verwendet. In einigen anderen Fällen wird von dem gespritzten Teil auch eine hohe Schlagzähigkeit erwartet. Hier kommen Schlagzähmodifier zum Einsatz. Daher kommen für jede der bekannten Anwendungen spezielle Rezepte zur Verwendung, die wegen der hohen thermischen Belastung der Formmassen beim Spritzen auch besonders gut stabilisiert sein müssen.

Bei geschäumten PVC-U- und PVC-P-Teilen werden außerdem noch die bekannten Treibmittel im Rezept eingesetzt. Für das thermoplastische Schaumspritzgießen (TSG) gelten zunächst die gleichen Regeln wie für den normalen Spritzguss. Die zugesetzten Treibmittel zersetzen sich bei den Temperaturen im Zylinder der Maschine, aufgrund des hohen Drucks im Zylinder bleiben sie im PVC gelöst. Erst beim Einspritzen der Formmasse in das Formnest bildet sich an der gut gekühlten Formwand eine kompakte PVC-Schicht und das Innere schäumt wegen des geringeren Drucks in der Form auf. So erhält man PVC-Formteile mit glatten Außenflächen und Dichten unter 0,7 g/ml.

## 5.8 Hohlkörper

Bei der Herstellung von Hohlkörpern sind drei Verfahren zu nennen:

- Extrusionshohlkörperblasen,
- Spritzblasen,
- Streckblasen.

Die meisten PVC-Hohlkörper werden als Extrusionsblashohlkörper hergestellt. Dabei wird ein gut plastifizierter PVC-Schlauch in ein mehrteiliges Werkzeug extrudiert. Dieses Werkzeug schließt sich, wobei durch eine oder mehrere Öffnungen der Schlauch mit Luft in der gekühlten Form aufgeblasen wird, bis er die Form komplett ausfüllt. Beim Öffnen der Form wird überschüssiges Material abgetrennt und der fertige Hohlkörper wird ausgeworfen. Das abgetrennte Material wird rezykliert. Auf diesem Wege werden Flaschen und Behälter bis zu einer Größe von 5 l hergestellt.

Beim *Spritzblasen* werden zunächst in der ersten Stufe rohrabschnittähnliche Formstücke gespritzt. Diese gelangen dann sofort in zweiter Stufe in die Blasform, wo sie mit Luft aufgeblasen werden. Bei diesem Blasvorgang wird das PVC so stark gereckt, dass Hohlkörper mit hoher Druck- und Stoßfestigkeit hergestellt werden können; außerdem entstehen bei diesem Verfahren keine Abfälle.

Beim *Streckblasen* werden die Formlinge durch ein spezielles Verfahren bei ca. 100 °C zusätzlich biaxial gereckt. Dadurch kann man Hohlkörper mit hoher Zähigkeit, Kältefestigkeit, Steifigkeit, niedrigerem Gewicht bei gleichem Volumen und geringerer Gasdurchlässigkeit erzeugen.

Artikel aus PVC-P werden für den technischen Bereich im Wesentlichen nach dem Extrusionsblasverfahren erzeugt. Dazu gehören u. a. Faltenbälge und verschiedene Artikel für die Kfz-Industrie.

## 5.9 Draht- und Kabelummantelungen

Der spezifische Durchgangswiderstand von PVC-Mischungen ist in der Regel sehr hoch, daher spielt PVC auf dem Elektrosektor wegen seiner guten Isoliereigenschaften eine hervorragende Rolle. Kabelkanäle, Kabelschutz- und flexible Elektroisolierrohre aus PVC-U wurden bereits bei Profilen und Rohren erwähnt. Wesentlich größer ist jedoch das PVC-P-Gebiet der Kabel- und Leitungsisolierungen und ihrer Ummantelungen. Rund 100.000 t PVC werden in Deutschland jährlich zu Kabeln verarbeitet. Fast alle Niederspannungsleitungen und -kabel sind heute mit PVC-P isoliert und ummantelt; dasselbe gilt auch für einen beträchtlichen Teil der Energieversorgungsleitungen bis 10 kV. Bei den Fernmelde- und Nachrichtenkabeln hat sich PVC ebenfalls als Isolier- und als Mantelmaterial durchgesetzt. Dabei werden die spannungstragenden Leiter sowohl untereinander durch PVC-P isoliert als auch durch die Ummantelung nach und von außen geschützt. Die mechanischen, thermischen und durch Feuchtigkeit und Witterung bedingten Einwirkungen auf die Kabel- und Drahtummantelungen sind zum Teil gravierend, daher müssen die Ummantelungsmischungen sehr hohen Anforderungen genügen. Die Anforderungen an die unterschiedlichen Bauarten von PVC-Kabeln und -Leitungen sind national und international durch Organisationen wie DIN, VDE, ISO und CENELEC genormt.

Kabel und Drähte werden im Extrusionsverfahren mit PVC-P in transparenter oder pigmentierter Einstellung ummantelt. Dabei werden Drähte und Kabel durch den Werkzeugkern in der Düse geführt und dort mit dem im Extruder plastifizierten PVC-P ummantelt. Nach dem gleichen Verfahren kann man übrigens auch Metallrohre und -profile und Holzprofile ummanteln.

Bei Drähten und Kabeln unterscheidet man hinsichtlich der verwendeten PVC-Formmassen zwischen Drahtummantelungen, Adermischungen und Mantelmischungen, da an diese je nach Einsatzzweck unterschiedliche Anforderungen hinsichtlich ihrer Isolier-, Abrieb- und Bewitterungseigenschaften gestellt werden. Diese Anforderungen sind in den oben genannten Normen festgelegt, ebenso wie die Prüfverfahren für Kabel und Leitungen. In modernen Drahtummantelungsanlagen werden Abzuggeschwindigkeiten von bis zu 1000 m/min erreicht, daher hat man für die Abwickelung der Kabel und Drähte und der Aufwickelung der fertigen Leitungen besondere Vorrichtungen entwickeln müssen (Bild 23).

Die typischen PVC-Rezepte für Kabel und Leitungen enthalten zwischen 25 % und 40 % Weichmacher, bis zu 80 % Füllstoffe und sind in der Regel mit basischen Pb-Sulfaten stabilisiert. Es wird allerdings auch auf diesem Sektor daran gearbeitet, die Pb-Stabilisatoren durch solche auf Ca-Zn-Basis zu ersetzen.

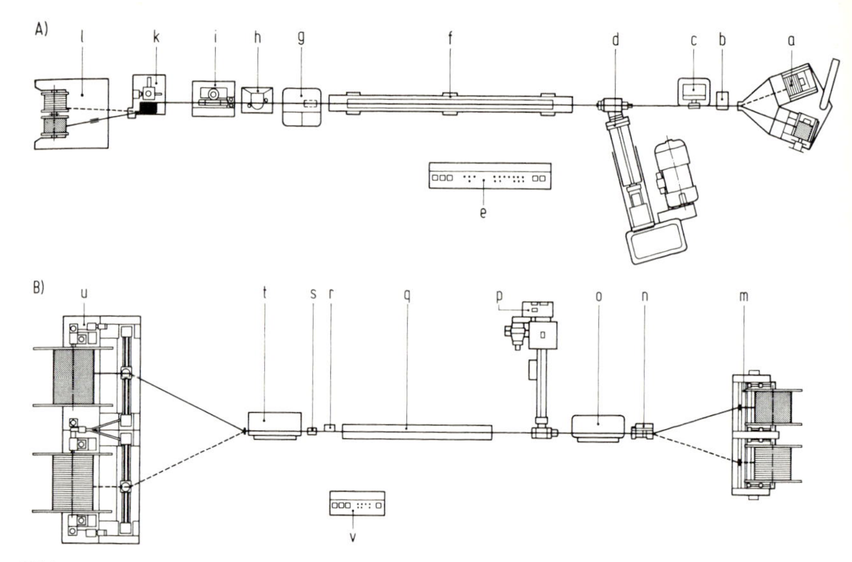


**Bild 23:** Ummantelungsanlagen
A) Drahtummantelungsanlage, B) Kabelummantelungsanlage
a: Doppelüberkopfablauf, b: Drahtumlenkständer, c: Vorwärmanlage, d: Extruder, e: Steuerpult, f: Kühlstrecke, g: Hochspannungs-Fehlermessgerät, h: Dickenmessgerät, i: Abzug, k: Steuerspeicher, l: Doppelwickler, m: Doppelpinolenabwickelmaschine, n: Kabelrichtgerät, o: Schubraupe, p: Extruder, q: Kühlstrecke, r: Durchmessermessgerät, s: Isolationsfehlerprüfgerät, t: Zugraupe, u: Pinolenaufwickelmaschine, v: Steuerpult
(aus: Becker/Braun: Kunststoffhandbuch 2/2 Polyvinylchlorid, Carl Hanser Verlag)

PVC ist mengenmäßig immer noch der bedeutendste und am vielseitigsten einsetzbare Werkstoff zur Isolierung und Ummantelung von Kabeln und Leitungen. Dieses wird sich in vorausschaubarer Zukunft auch nicht ändern, da technische und wirtschaftliche Gründe immer noch für PVC sprechen. Es könnte allerdings in speziellen Bereichen aus technischen Gründen Verschiebungen zu Spezialkunststoffen geben; diese haben jedoch wegen ihrer höheren Preise noch keine stärkere Marktposition einnehmen können. Besondere Vorteile bietet PVC gegenüber den anderen für Isolierzwecke geeigneten Kunststoffen hinsichtlich seines Brandverhaltens. Die Ergebnisse aus Brandversuchen zeigen immer wieder, dass PVC-Kabel sich nur schwer entzünden lassen, selbst wieder verlöschen und damit die Brandausbreitung nicht unterstützen. Andere Kunststoffkabelmassen kann man mit speziellen Ausrüstungen auch schwer entflammbar einstellen, dieses kostet aber wieder mehr und bringt auch oft andere Nachteile mit sich.

Für detaillierte Informationen wird auf die einschlägige Fachliteratur und die Informationen der AGPU in Bonn verwiesen.

## 5.10 Schläuche, Weichprofile und weiche Schaumprofile

Schläuche und Profile aus PVC-P werden auf Extrudern mit einer entsprechend geformten Düse, einem Kühlbad, einem Abzug und einer Aufwickelvorrichtung erzeugt. Die jeweilig optimal eingestellten Compounds können aus S-PVC, E-PVC oder Mischungen von beiden hergestellt werden. Die Auswahl der Weichmacher erfolgt nach den jeweiligen Anforderungen hinsichtlich Migrations- und Kältefestigkeit, Lösemittelbeständigkeit und/oder lebensmittelrechtlicher Zulassung. Als Füllstoffe werden hauptsächlich gemahlene natürliche Kreiden verwendet. Für besondere Anforderungen, z. B. magnetische Profilstreifen für Türen an Kühlschränken oder Fliegenschutzgittern kommt Bariumferrit zum Einsatz. Für Druckschläuche wird zusätzlich eine Wickelmaschine benötigt, um im Kreuzschlag Verstärkungsfasern aufzubringen.

PVC-P-Schläuche werden hauptsächlich für den Transport von Wasser verwendet. Will man Lebensmittel oder andere Medien, die mit Lebensmitteln in Berührung kommen, in PVC-P-Schläuchen fördern, dürfen nur lebensmittelrechtlich zugelassene PVC-Mischungen verwendet werden. Für Blut- und Transfusionsschläuche gelten besondere Regeln. Ihre Herstellung, Prüfung und Lagerung ist seit 1982 in Europa einheitlich geregelt.

Weich- und Schaumprofile werden als Dichtungs-, Möbelkanten-, Kühlschrankprofile usw. verwendet. Je nach Anwendungsfall gibt es auch für diese PVC-Formmassen unterschiedliche Rezepte (Tabelle 17).

## 5.11 Pulverbeschichtung, Sintern

Bei diesem Oberflächenbeschichtungsverfahren wird das PVC-Compound als Pulver auf die zu beschichtenden Oberflächen aufgebracht. Das Beschichtungspulver kann ein bestimmtes PVC-Additiv-Gemisch sein, wobei PVC-Pulver auf ganz normalem Wege heiß mit den Additiven gemischt wurde. Es kann aber auch, und das gilt besonders für hochwertigere Anwendungen, als bei niedriger Temperatur mikronisiertes PVC-Granulat, welches mit allen Additiven gründlich vorplastifiziert wurde, verwendet werden. Zur Anwendung kommen bei der Beschichtung unterschiedliche Verfahren:

- Tauchen in ruhendes Pulver,
- Aufstreuen,
- Flammspritzen,

**Tabelle 17:** Richtrezepturen für die Profil- und Schlauchherstellung (aus: Becker/Braun: Kunststoffhandbuch 2/2 Polyvinylchlorid, Carl Hanser Verlag)

| Rezepturbestandteile | Transparente Profile und Schläuche | Fugenbänder und andere Profile | Kühlschrankdichtungen |
|---|---|---|---|
| S-PVC; K-Wert 70 | 100 | 50 bis 100 | 100 |
| E-PVC; K-Wert 70 | – | 50 bis 0 | – |
| Weichmacher (DOP oder DIDP und andere) | 60 bis 70 | 65 bis 75 | 50 bis 65 |
| Epoxyweichmacher | 2,0 bis 3,0 | – | – |
| Ba-Cd(Zn)-Stabilisator | 1,0 bis 1,5 | – | – |
| Chelator (organische Phosphit) | 0,1 bis 0,5 | – | – |
| Pb-Stabilisator | – | 1,0 bis 1,5 | 1,0 bis 1,5 |
| Kreide | – | 30 bis 60 | 5 bis 10 |

- Rotationsverfahren,
- Wirbelsintern,
- elektrostatisches Spritzen,
- elektrostatisches Wirbelsintern,
- Pulversintern.

Die PVC-Partikel schmelzen auf den erhitzten Oberflächen zu einer porenfreien PVC- Schicht. Diese Verfahren zeichnen sich dadurch aus, dass auf diesem Wege selbst komplizierte Teile mit einer gleichmäßigen, je nach Wunsch dünnen oder dicken PVC-Schicht (PVC-P und PVC-U) zuverlässig beschichtet werden können. Am häufigsten werden Metallteile zum Schutz gegen Korrosion beschichtet, häufig erhalten auch Glasoberflächen von Laborgeräten einen dünnen PVC-Schutzmantel gegen Bruch.

Damit das PVC gut auf den Oberflächen haftet, werden diese je nach Bedarf unterschiedlich gereinigt bzw. vorbehandelt, mittels

- Waschen oder Entfetten,
- Beizen,
- Sandstrahlen,
- Grundieren.

Details zu den Beschichtungsverfahren sind in der Fachliteratur nachzulesen.

Hier soll lediglich noch das Pulversinterverfahren kurz behandelt werden, weil es eine Besonderheit darstellt. Im Pulversinterverfahren werden Separatorplatten für Akkumulatoren hergestellt. Sie trennen z. B. die Elektroden in Starterbatterien räumlich voneinander. Für die Herstellung dieser Platten wird reines PVC-Pulver ohne alle Additive auf heißen Metallbändern drucklos zu offenporigen Platten mit einem Porendurchmesser von 10 bis 20 µm gesintert. Man kann dafür allerdings nur ganz bestimmte PVC-Typen verwenden. Das PVC muss benetzbar sein, beim Erhitzen partiell zusammenfließen können, eine bestimmte enge Korngrößenverteilung (5 bis 100 µm) haben und es sollte einen K-Wert von 65 bis 70 haben.

## 5.12 Pasten- und Organosolverarbeitung

Pasten und Organosole werden durch

- Streichen,
- Tauchen (warm und kalt),
- Walzen,
- Gießen,
- Spritzen,
- Flow-coating und Fluten

verarbeitet.

Beim *Streichen* werden mittel- bis hochviskose Pasten und Organosole auf Blechen, Papier- und Gewebebahnen und Vliesen maschinell mit Hilfe von Walzen und Rakeln sehr gleichmäßig aufgestrichen und bei 160° bis 180 °C mit Heißluft oder IR-Strahlung ausgeliert. Diese Anlagen bestehen aus der Abwickelvorrichtung, dem Streichkopf, dem Gelierkanal, der Kühlung und der Abzugvorrichtung. Auf diese Weise können mehrere unterschiedliche Schichten (z. B. Haftschicht, Füllschichten, Deckschicht, Verschleißschutzschicht) auf den Träger aufgebracht werden. Auf diese Weise erzeugt man Kunstleder, Bodenbeläge und Tapeten.

Das *Tauchen* wird oft zum Beschichten solcher Gegenstände angewendet, deren äußere Form ein anderes Beschichtungsverfahren (Streichen, Walzen, Gießen oder Spritzen) nicht zulässt. Die bekanntesten im Tauchverfahren hergestellten Gegenstände sind Handschuhe und Stiefel. Man unterscheidet dabei das *Kalttauchen* vom *Warmtauchen*. Beim ersten Verfahren werden die kalten zu beschichtenden Teile in die Paste getaucht, bis diese vollständig benetzt sind, vorsichtig aus dem

Bad gehoben und nach dem Abtropfen überflüssiger Paste schnell, um weiteres Abtropfen zu vermeiden, geliert.

Beim Warmtauchen werden die zu beschichtenden Teile vorgewärmt (100 ° bis 140 °C) in die Pasten getaucht. Die Verweilzeit beträgt, je nach angestrebter Schichtdicke 10 bis 90 Sekunden; für besonders dicke Schichten, z. B. für Werkzeuggriffe oder ähnliches, kann der Tauchvorgang auch wiederholt werden.

Das *Walzen* wird vor allem bei Metallbändern, aber auch in besonderen Fällen bei Gewebe- und Papierbahnen angewendet. Dabei wird die PVC-Paste auf speziellen Walzenstühlen zwischen den Walzen auf die Bahnen aufgebracht und anschließend geliert.

Das *Gießen* wird in der Regel zur Herstellung von Voll- und Hohlkörpern, z. B. Bällen angewendet. Dabei werden entsprechende Formen je nach gewünschter Wanddicke oder Dicke der Fertigteile ganz oder teilweise gefüllt und durch Wärmezufuhr geliert.

Beim *Spritzen* unterscheidet man Flammspritzen vom Luftspritzen und dem luftlosen Spritzen. Darüber hinaus gibt es für die PVC-Pasten- und PVC-Organosolverarbeitung noch das Flow-Coating-Verfahren, das Fluten, das Trommel- und das Zentrifugierverfahren.

Allen Beschichtungsverfahren ist eines gemeinsam: sie sollen es gestatten, flächige oder/und kompliziert geformte Teile möglichst rationell und vollständig mit PVC-P zu beschichten. Um die jeweils gewünschten Beschichtungen zu erzielen, müssen die Pasten und Organosole hinsichtlich ihrer Viskosität, dem Gelierverhalten und dem Gebrauchsverhalten optimal eingestellt werden. Dieses verlangt viel Sorgfalt bei ihrer Herstellung und Erfahrung bei der Rezeptgestaltung.

# 6 Die Herstellung von Fenstern

Die Mitarbeiter im Fensterbau sind gemäß den Vorgaben der Güterichtlinien ausgebildet; sie erhalten alle notwendigen Informationen mit dem so genannten Laufzettel. Auf diesem sind Kundenname, Elementgestalt und -größe, Längen der PVC- und Metallprofile, Dimensionen der Verglasung, Liste der Dichtungen und Beschläge und schließlich das Lieferdatum vermerkt. Von den Sägestationen kommend, die wegen der oft heftigen Geräuschentwicklung schalldämmend von den anderen Verarbeitungsstationen getrennt sein sollten, werden die korrekt zugeschnittenen Metallprofile mit den PVC-Profilen zusammengeführt und verschraubt. Diese Profile werden dann in den Schweißstationen gemäß der Vorlage zusammengefügt; die Schweißnähte werden in den Putzautomaten weitgehend verputzt. Was dort nicht bearbeitet werden kann, wird manuell nachgearbeitet. Anschließend werden die Ausfräsungen für die zu verschraubenden Pfosten und Kämpfer angebracht, dieselben werden montiert. Die Nuten für die Aufnahme der Dichtungen werden geputzt und sämtliche Belüftungs- und Entwässerungskanäle und die Löcher für die Aufnahme der Fittings (Beschläge) werden mit Hilfe von Schablonen exakt gebohrt bzw. gefräst. Mit dem Einsetzen aller Fittings, Setzen der Dichtungsprofile und Einsetzen der Flügel in den Rahmen, mit anschließender Funktionsprüfung wird das Fenster fertig, da in der Regel die Glasscheiben oft erst nach dem Transport zur Baustelle mit Hilfe der Glasleisten im Rahmen und den Flügeln fixiert werden.

Auf der Baustelle werden die Fenster gemäß den Richtlinien mit Dübeln oder Bändern montiert. Sofern erst jetzt, aus Gewichtsgründen, die Scheiben eingesetzt werden, ist auf die korrekte Verklotzung zu achten. Nach dem Abdichten des Fensterrahmens gegen den Baukörper werden die Schutzfolien entfernt und das Fenster erhält nach seiner Funktionsprüfung einen deutlich sichtbaren Sticker „NICHT ÖFFNEN", damit gegebenenfalls verwendete härtbare Dichtungsmassen (z. B. Montageschaum) aushärten können. Werden die Schutzfolien nicht rechtzeitig entfernt, kann es nach ausreichend langer Sonnenbestrahlung später zu vorzeitigen Verschmutzungen an den Fensterprofilen kommen, da dann oft Kleberreste auf den Profiloberflächen zurück bleiben.

# 7 Zum Bewitterungs- und Gebrauchsverhalten

PVC-U hat seine starke Position im Bauwesen nur erreichen und weiter ausbauen können, weil es sich durch seine hervorragende Witterungsbeständigkeit gegenüber den meisten anderen „natürlichen“ und „künstlichen“ Werkstoffen auszeichnet. Die Begriffe natürlich und künstlich sind absichtlich in Anführungszeichen gesetzt worden, um zu dokumentieren, dass es nicht immer einfach ist, einen Werkstoff korrekt als natürlich oder künstlich einzuordnen. Glas, Keramik und Beton sind sicher genauso wenig Naturstoffe wie das aus dem natürlich vorkommenden Erdöl und Steinsalz hergestellte PVC. Imprägniertes Holz ist auch kein reiner Naturstoff mehr. Mit Lehm und Stroh wird in der Regel heute nicht mehr gebaut und der bekannte gebrannte Ton-, Poroton- oder Liapor-Ziegelstein ist wahrlich auch nicht Natur belassen.

Eine Diskussion über die „Natur“ der Baustoffe soll hier nicht vom Zaun gebrochen werden; es soll aber darauf hingewiesen werden, das heute praktisch keine wirklich natürlichen, also tatsächlich Natur belassenen Baustoffe, abgesehen von wirklich Natur belassenem Holz, mehr verwendet werden.

Das Wissen um die Widerstandsfähigkeit der Baustoffe gegenüber den Einflüssen der Bewitterung ist – ganz gleich um welchen Werkstoff es sich handelt – nach wie vor von eminenter Bedeutung, da in unserem Kulturkreis, im Gegensatz zu vielen anderen Ländern, immer noch für Generationen gebaut wird. Im wahren Sinne des Wortes witterungsbeständige Werkstoffe gibt es nicht. Metalle korrodieren, Beton zerbröselt, Holz verrottet und selbst Glas wird irgendwann nach Jahrhunderten trübe. Es ist daher wichtig zu wissen, über welche Zeitspanne ein Werkstoff gegen die Einflüsse der Bewitterung Widerstand leisten kann, ohne dass seine Gebrauchseigenschaften wesentlich beeinträchtigt werden. Von PVC-Fensterprofilen wird eine Lebensdauer zwischen 30 und 50 Jahren erwartet. Man kann jedoch nach einer Rohstoff- oder Additiv- oder Verfahrensneuentwicklung nicht erst 30 Jahre in der Freibewitterung prüfen, ob der Entwicklungsschritt in die richtige Richtung lief, daher bedient man sich zur Beurteilung des Alterungs- und Bewitterungsverhaltens von PVC-Fensterprofilen als Kurzzeitprüfung der Schnellbewitterung gemäß der Güterichtlinie RAL-GZ 716/1 bzw. der DIN 16830. Dabei werden definierte Probekörper in speziellen Bestrahlungsgeräten einer künstlich beschleunigten Bewitterung ausgesetzt. Für die Absicherung des Ergebnisses dieser Schnellbewitterung lässt man meist einen Probekörper aus einem bewährten Werkstoff als „Standard“ parallel im Gerät mit prüfen. Die Echtzeitbewitterung dagegen erfolgt immer noch in der Freibewitterung.

Es ist wichtig zu beachten, dass alle Kurzzeitprüfungen mit ganz erheblichen Unsicherheiten hinsichtlich des Ergebnisses behaftet sind. Für weiße Profile liegen Erfahrungen über Jahrzehnte vor; eine Korrelation zwischen Schnell- und Echtzeitbewitterung ist hier weitgehend möglich. Bei farbigen Profilen – ganz gleich, ob durchgefärbt, coextrudiert oder beschichtet – ist man erfahrungsgemäß vor Überraschungen nicht sicher. Wirklich verlassen kann man sich nur auf Schnellbewitterungsergebnisse an weißen Profilen, die aus mindestens zwei voneinander unabhängigen Prüfungen kommen.

Drastisch formuliert ist die Kurzzeitprüfung noch immer mit Unsicherheiten behaftet, sie sollte daher, wenn möglich, durch die entsprechende Echtzeitprüfung untermauert werden.

## 7.1 Kurzzeitprüfungen

In der Kurzzeitprüfung werden die Farbänderungen als „Wetterechtheit" und der Verlauf der Zähigkeit als „Wetterbeständigkeit" der PVC-Fensterprofile geprüft.

Diese Prüfungen werden in einem Bewitterungsgerät mit Xenonbogenlampe nach ISO/CD 4892-2 durchgeführt. Das Gerät muss die folgenden Anforderungen erfüllen:

- Strahlenquelle mit Wellenlänge 280 bis 800 nm,
- Strahlungsstärke 550 W/m$^2$,
- Strahlungsstärke bei 280 bis 400 nm: 60 W/m$^2$,
- Schwarzstandardtemperatur BST = 60 °C,
- Weißstandardtemperatur WST < 50 °C
- relative Luftfeuchtigkeit U = 50 %,
- Beregnungszyklus (nass/trocken) 18/102 min,
- Gleichlauf (GL) oder Wendelauf (WL).

Die Probekörper werden in Halterungen eingelegt, die sich kreisförmig um die Lichtquelle drehen.

Bei Prüfung der Wetterechtheit (gemäß DIN EN 513) darf nach einer Bestrahlung mit 8 GJ/m$^2$, das entspricht bei GL/WL ca. 2000/4000 Stunden im Belichtungsgerät, an dem aus den Profilen von der „Außenseite" entnommenen Probekörper (50 × 40 mm) die Farbänderung die Stufe 4 des Graumaßstabs nach ISO 105-A03 nicht überschreiten. Es ist zweckmäßig, die Farbmessung mit einem geeichten Farbmessgerät durchzuführen und die Farbänderung als „Delta E" gemäß ISO

7724-3 anzugeben, da erfahrungsgemäß die Messung mit dem Graumaßstab sehr ungenau ist. Eventuell auftretende Veränderungen auf den Oberflächen der Probekörper dürfen nicht zu Flecken, Blasen, Streifen, Rissbildungen oder anderen nennenswerten Beeinträchtigungen des Aussehens führen.

Die Wetterbeständigkeit der PVC-Fensterprofile wird als Änderung der Doppel-V-Kerbschlagzähigkeit (DIN 53753) nach Bestrahlung mit 8 GJ/m$^2$ registriert. Die Belichtung für die Prüfung der Wetterbeständigkeit erfolgt ebenfalls im oben beschriebenen Gerät gemäß DIN EN 513. Die Probekörper (50 mm × 6 mm × Wandstärke s) werden den Profilen in Extrusionsrichtung entnommen. Die Kerben dürfen erst nach der Bestrahlung der Probekörper zusammen mit den nicht bestrahlten Kontrollproben angebracht werden. Bei der Schlagbiegeprüfung sind die Probekörper so einzulegen, dass die bewitterte Seite in der Zugzone liegt. Nach Bestrahlung darf der arithmetische Mittelwert der Doppel-V-Kerbschlagzähigkeit den Wert von 28 kJ/m$^2$ nicht unterschreiten.

## 7.2 Echtzeitprüfung (Freibewitterung)

„Die zuverlässigste Prüfung zum Gebrauchs- und Bewitterungsverhalten von Werkstoffen ist immer noch die Echtzeitprüfung in der Freibewitterung". Auch diese Behauptung ist nur dann richtig, wenn der Bewitterungsstandort richtig ausgewählt wurde und wenn die Positionierung der Proben einigermaßen praxisgerecht erfolgte.

An einem Beispiel aus der Praxis soll gezeigt werden, dass es selbst bei der Freibewitterung zu „Fehlschlüssen" kommen kann. In den 70er Jahren, als die Rezepte für braune, durchgefärbte Profile entwickelt wurden, gab ein Profilhersteller seine Profile in den Bergen in ca. 2500 m Höhe in die Freibewitterung, da man annahm, dass die Intensität der Sonneneinstrahlung und die extremen Temperaturen und Wetterbedingungen eventuelle Schwächen im Rezept schnell aufdecken würden. Die braunen Fensterprofile verhielten sich unter diesen Bedingungen über viele Jahre tadellos. Die Farbe und der Glanz der Profile blieben praktisch unverändert.

Parallel dazu wurden die gleichen Profile am Fuße dieses Berges an einem Seeufer in etwa 600 m Höhe ebenfalls freibewittert. Nach etwa 18 Monaten waren die Profile grau, ihre Oberflächen waren matt.

Was war geschehen?

Zum besseren Verständnis soll an dieser Stelle erläutert werden, was bei der Bewitterung von PVC geschieht.

Durch den Einfluss von Licht, Feuchtigkeit und Temperatur verändert sich die Oberfläche der PVC-Profile. Dabei ist ganz wesentlich, welcher dieser Faktoren überwiegt. Licht greift in erster Linie das Pigment und die Polymerketten an. Temperaturen beeinflussen die Thermostabilität des PVC. Feuchtigkeit dringt in die PVC-Oberfläche ein, führt zu Mikrorissen und beginnt dann im Konzert mit den anderen Faktoren ein „verheerendes" Zerstörungswerk.

Wird eine weiße PVC-Probe lange genug in trocken-heißem Klima (z. B. Arizona) bewittert, dann verfärbt sie sich mit der Zeit gelb bis braun. Das Pigment wird nicht zerstört, Rutil ist eine stabile $TiO_2$-Modifikation. Das Umfeld des Pigments wird jedoch geschädigt, die Polymerketten werden abgebaut, es bilden sich konjugierte Doppelbindungen und es kommt auch zu radikalischen Vernetzungsreaktio nen. Der Oberflächenglanz des Profils bleibt weitgehend unverändert.

Wird die gleiche Probe entsprechend lange feucht-heißem Klima (z. B. Florida) bei etwa gleicher mittlerer Jahrestemperatur ausgesetzt, dann verschwindet schnell der Glanz, die Probe bleibt jedoch im Wesentlichen weiß. Durch den Einfluss der Feuchtigkeit bilden sich sehr schnell Mikrorisse in der PVC-Oberfläche, das PVC wird abgebaut, Pigmente, Stabilisatoren und Füllstoff treten an die Oberfläche (= „auskreiden") und es bildet sich auf der PVC-Oberfläche ein hauchdünner, weißer Film aus, der das darunterliegende Material schützt. Fachleute reden in diesem Falle von „Patina". Zu einer Gelb- oder Braunverfärbung kommt es nun nicht mehr. Hinsichtlich der sichtbaren Veränderungen bei Bewitterung von PVC kommt es also immer darauf an, welcher der beiden möglichen Abbauprozesse der schnellere ist.

Doch gehen wir zurück zum braunen Profil. In 2500 m Höhe kam es bei dem braun pigmentierten Profil allenfalls zu einer schwachen Gelbfärbung durch die intensive Bestrahlung. Diese Verfärbung war auf dem braunen Profil praktisch unsichtbar. Am Seeufer in 600 m Höhe konnte die Feuchtigkeit, besonders in Form von Tau, angreifen. Es bildete sich schnell ein grauer Belag (Patina), der auf den dunkelbraunen Profilen sofort auffiel. Die scheinbar „milderen Bewitterungsbedingungen" am Seeufer mit gemäßigten Temperaturen, relativ geringer UV-Strahlung, aber viel Feuchtigkeit ließen ihre Spuren auf dem Profil zurück; das „raue Höhenklima" mit hoher UV-Strahlung, niedrigen Temperaturen und wenig Feuchtigkeit ließ das Profil für das Auge praktisch unverändert.

Die PVC-Rohstoffhersteller haben mit ihren Bewitterungsstationen in Deutschland, im heißeren Süden von Europa, in den Tropen und in Übersee unterschiedliche Bewitterungsstandorte, die aufgrund ihrer Sonneneinstrahlung, der mittleren Jahrestemperatur und der Feuchtigkeit „normale" oder besonders „harte" Prüfbedingungen gewährleisten. Hier werden die Proben in südlicher Richtung auf Gestellen im Winkel von 45° positioniert. Durch die 45°-Position nach Süden wird die Ablagerung von Tau begünstigt und die Intensität der Sonneneinstrahlung wird besonders effektiv genutzt. Weiße PVC-Fensterprofile, die Expositionsbedingungen in feuchtwarmen Regionen über mehr als 5 Jahre bestanden, haben sich unter allen Bedingen in der Praxis hervorragend bewährt. Zu beachten ist dabei, dass Fenster in der Regel senkrecht eingebaut werden, von Dachflächenfenstern wird hier nicht gesprochen. Der Einfluss der Bestrahlung ist daher besonders im Sommer geringer als auf dem Bewitterungsstand und Tau lagert sich allenfalls, je nach Dachüberstand, auf dem waagerechten unteren Schenkel des Fensters ab. Die mittlere Jahrestemperatur in Europa spielt, soviel hat die langjährige Erfahrung mit PVC-Fensterprofilen inzwischen gezeigt, bei der hohen Thermostabilität der PVC-Fensterprofile praktisch keine Rolle.

## 7.3 Phänomene

Zu den Phänomenen bei der Bewitterung von PVC-Fensterprofilen zählt man alle die Verfärbungen, die während des Gebrauchs auftreten und einer der üblichen Verwitterungserscheinungen nicht zuzuordnen sind. Dazu gehören:

- Verschmutzungen,
- Farbveränderungen,
- Fleckenbildung, THT-Verfärbung,
- Aufrauung, Glanzverlust,
- „Gilb“; „Pink“; „Gray“ und „Blue“,
- Pilzbefall.

### 7.3.1 Verschmutzungen

So wie alle anderen Fensterprofile verschmutzen auch PVC-Profile im Gebrauch. In einigen hartnäckigen Fällen treten diese Verschmutzungen trotz intensiver und regelmäßiger Reinigung der Profile immer wieder auf. In einigen, wenigen Fällen konnten diese Verschmutzungen bei neuen Fenstern mit elektrostatischer Aufladung der PVC-Profile erklärt werden; meist ist die Ursache dafür jedoch eine andere.

PVC-Fensterprofile werden bei der Extrusion mit einer PE-Schutzfolie versehen. Gemäß Vorschrift soll diese Schutzfolie unmittelbar nach Einbau des Fensters in den Baukörper entfernt werden. Das geschieht jedoch meist nicht. Die Folie wird oft erst nach Aufbringung des Außenputz oder anderweitiger Fertigstellung der Außenhaut des Gebäudes entfernt. Dabei verbleiben dann wegen der langen Verweilzeit Reste des Klebers von der Folie auf den Profiloberflächen haften. Das geschieht vor allem dann, wenn der Kleber entweder noch relativ viel Lösungsmittel (MEK, Essigester etc.) beim Aufbringen der Folie enthielt und wenn die Folie dann zu lange auf dem Profil verblieb, oder wenn der Kleber durch die UV-Strahlung vernetzte und eine feste Verbindung zur PVC-Oberfläche einging. Die Kleberreste halten jeden Staub extrem gut auf der PVC-Oberfläche fest und die Profile verschmutzen stark. Selbst wenn der Schmutz abgewaschen werden konnte, was aber auch nicht immer der Fall ist, haftet sehr schnell neuer Schmutz auf den Kleberresten. Daher werden heute solche Folien auf dem Markt angeboten, die mit einer speziellen UV-Stabilisierung ausgerüstet sind. Ein ähnlicher Effekt ist zu beobachten, wenn die während des Extrusionsprozesses verwendeten hochmolekulare Wachse auf den PVC-Oberflächen haften. In beiden Fällen sollten die PVC-Profile – je nach der chemischen Struktur der Kleber oder Wachse – mit Waschbenzin oder Spiritus gründlich abgewischt werden. Ist die Kleber- oder Wachsschicht einmal entfernt, bleibt das Profil auch sauber.

### 7.3.2 Verfärbungen

Verfärbungen kommen an weißen PVC-Fensterprofilen sehr selten vor. Treten sie jedoch einmal auf, dann bedarf es einer geradezu „kriminalistischen Nase“, um die Ursache für solche Verfärbungen zu identifizieren.

Mit Pb stabilisierte Fensterprofile verfärben sich dann, wenn sie mit anderen Stoffen in Berührung kommen, die freien oder gebundenen Schwefel (z. B. vulkanisierter Kautschuk) enthalten. Auch wenn temporär oder permanent hohe Schwefelwasserstoffkonzentrationen in der Luft in der Umgebung des Fensters auftreten, kann sich ein PVC-Fensterrahmenprofil unter Umständen verfärben. Unter dem Einfluss von Schwefelwasserstoff und anderen Schwefelverbindungen werden Pb-stabilisierte PVC-Profile graubraun, entweder nur an den Kontaktstellen oder vollflächig, weil das Pb-Phosphit mit dem Schwefel zu Pb-Sulfid reagiert; Pb-Sulfide sind schwarzbraun. Am schnellsten treten solche Verfärbungen dann auf, wenn die Pb-Stabilisatoren nur ungenügend homogenisiert in der PVC-Formmasse vorliegen.

Zu solchen Verfärbungen kam es in Gebäuden mit Massentierhaltung, in Friseursalons, aber auch in schlecht gelüfteten Küchenräumen, in denen viel Kohl (z. B. Grünkohl!) gekocht wurde.

Bei einem Fensterhersteller traten bei Lagerung der weißen PVC-Profile in Stahlpaletten mit Gummiauflagen graubraune Verfärbungen an den Kontaktstellen zum

Gummi auf. Gummi wird bekanntlich mit Schwefel bzw. schwefelhaltigen Substanzen vulkanisiert. Der freie oder sulfidisch gebundene Schwefel reagierte hier mit dem Pb-Stabilisator im PVC. Bei mit Ca-Zn stabilisierten Fensterprofilen können derartige Verfärbungen daher nicht auftreten.

Werden PVC-Fensterprofile permanent hohen Ammoniakkonzentrationen ausgesetzt, dann verfärben sich die Profile langsam aber sicher schmutziggelb. Offenbar reagiert hier das PVC mit dem alkalischen Ammoniak unter Bildung von konjugierten Doppelbindungen; diese lassen dann bei ausreichend langer Exposition das Profil gelb erscheinen. Aufgetreten sind solche Verfärbungen gelegentlich in Gebäuden mit intensiver Tierhaltung und in unmittelbarer Umgebung von Güllegruben.

Andere Quellen von Alkali, welches unter Umständen zu Verfärbungen auf den PVC-Oberflächen führt, können stark alkalische Bauhilfsstoffe sein. So werden z. B. zum Verdichten von porösen Sandsteinoberflächen an der Außenhaut von Gebäuden stark alkalische wässrige Silikatdispersionen oder -lösungen verwendet. Bei unsachgemäßer Anwendung kann es daher auch zu Verfärbungen auf den PVC-Profiloberflächen kommen.

Hin und wieder wurden auch gelbe bis hellbraune Verfärbungen an der Innenseite, also wohnraumseitig, der Profile festgestellt. Diese Verfärbungen ließen sich nicht mit den normalen Reinigungsmethoden entfernen, da die Verfärbung in die Oberfläche eingedrungen war. Mit einem Kunststoffreiniger, der etwas Schleifmittel enthält (Schwabbelpaste), konnte eine sehr dünne Schicht der PVC-Oberfläche wegpoliert werden und der Originalfarbton kam wieder zutage. Da diese Verfärbungen nur in Räumen beobachtet wurden, in denen viel geraucht oder ein qualmender, offener Kamin betrieben wurde, darf angenommen werden, dass sie durch teerhaltige Aerosole zustandekamen, die sich auf der Profiloberfläche niederschlugen. Eine regelmäßige Reinigung der Profile hätte die Verfärbung verhindert.

Alle diese Verfärbungen kann man, da sie fest im PVC sitzen, oftmals nicht einfach entfernen. Wenn in einem solchen hartnäckigen Fall die Farbänderung stört, dann sollte die Profiloberfläche am besten mit einem geeigneten Lacksystem beschichtet werden. Die meisten Lackhersteller haben dafür geeignete Systeme in ihrem Sortiment.

### 7.3.3 Großflächige Fleckenbildung

Flecken treten auf PVC-Fensterprofilen dann auf, wenn die Profiloberflächen mit Lösemittel behandelt wurden, oder wenn sich bestimmte Stoffe auf den Oberflächen ungleichmäßig ablagern. An zwei Beispielen aus der Praxis sollen solche Flecken behandelt werden. In der Zeit, als die geschweißten Ecken von PVC-Fensterprofilen noch aufwändig nachgearbeitet werden mussten, wurde ein Gebäude mit geschoßhohen braunen PVC-Fensterelementen ausgestattet. Damals wurden die Schweißraupen abgestochen, die Gehrungsnaht wurde verschliffen und anschließend mit einer Sisalwalze und einer Lammfellrolle poliert. Um den Glanz der geschweißten und polierten Ecken an den des Profils anzupassen, wurden die braunen Profile mit einem lösemittelhaltigen „Poliermittel" (Gemisch aus MEK, Cyclohexanon, Methylenchlorid und Essigester) nachbehandelt. Die so behandelten PVC-Oberflächen sahen brillant aus. Sie verfärbten sich jedoch bei Bewitterung sehr schnell und meist sehr ungleichmäßig in Richtung „Grau". Man zog die Lehre daraus, dass PVC-Profiloberflächen, die der Bewitterung ausgesetzt werden, nicht mit Lösemittel behandelt werden dürfen. Man beschränkte sich daher seitdem auf das Verschleifen und Polieren der abgestochenen Schweißraupen. Die bei unsachgemäßem Schleifen und Polieren auftretende hohe thermische Belastung der braunen PVC-Oberflächen reichte in vielen Fällen aus, die witterungsbedingte Vergrauung auszulösen. Die Profile verfärbten sich an den behandelten Ecken.

Die Witterungsbeständigkeit von PVC-Profiloberflächen wird auch durch den mikroskopischen Zustand der Oberfläche mitbestimmt. Durch das Schleifen und Polieren und die Anwendung des Lösemittels bilden sich sehr schnell für das Auge zunächst unsichtbare Mikrorisse (Spannungsrisse), an denen die Verwitterung ansetzt und in die dann Feuchtigkeit eindringt. Innerhalb kurzer Zeit erscheinen auf den Profiloberflächen mehr oder weniger intensive, flächige Grauverfärbungen, die durch Hohlräume und darin eingelagerte Feuchtigkeit entstehen. Diese Verfärbungen treten bei allen Oberflächen mit Mikrorissen auf, bei dunkel pigmentierten Oberflächen sieht man die Verfärbung besonders schnell.

Diese Erscheinung wurde schon sehr früh bei den braunen, mit Chromophthalbraun® 5R, bzw. Mikrolithbraun® 5R KP quasi „transparent" eingefärbten CPE- und EVAC-modifizierten Fensterprofilen beobachtet, auch dann, wenn keine LM-Behandlung vorausgegangen war. Man stellte damals im Rahmen sehr aufwändiger Untersuchungen fest, dass die Verfärbungen durch Einfluss von Wärme (Thermo = T), Feuchtigkeit (Hydro = H) und Spannungen (Tension = T) zustande kommen. Daher erhielten diese den schönen Namen „THT-Verfärbungen". Tatsächlich ist es so, dass winzige Hohlräume dicht unter der Oberfläche, mit Luft oder Wasser gefüllt, diesen optischen Vergrauungseffekt hervorrufen. Ihr Entstehungsmechanismus ist der Gleiche wie bereits oben beschrieben.

Andere mehr oder weniger fleckige Verfärbungen wurden an weißen Profilen, bevorzugt in Badezimmern und Frisiersalons, beobachtet. Beim Umgang mit Haarspray lagerte sich oft, besonders auf den beinahe waagerechten Flächen der Glashalteleisten, Aerosol von Haarspray ab. Der so entstandene unterschiedlich dicke Film aus Staub und Spray wurde schnell als fleckige Veränderung sichtbar.

Beim normalen Reinigen der Fenster mit den üblichen wässerigen Reinigungsmitteln wurde dieser Belag nicht entfernt. Eine einfache Reinigung mit Spiritus löste jedoch auch in den meisten Fällen dieses Problem.

### 7.3.4 Rauhigkeit, Glanzverlust, Schmutzablagerung

Wie bereits im Vorangegangenen geschildert, spielt der Oberflächenzustand des PVC-Profils eine ganz wesentliche Rolle beim Bewitterungsverhalten. Weitgehend geschlossene und daher hochglänzende Oberflächen werden bei Bewitterung wesentlich langsamer verändert, als solche Oberflächen, die von vornherein rau und matt sind. Raue, glanzarme Oberflächen verwittern schnell, da die bereits vorhandenen Poren Ansatzpunkte für das Eindringen von Wasser und den Abbau des PVC bieten. Parallel dazu tritt ein deutlicher Glanzverlust auf, Staub kann sich leichter ablagern und das Profil wird schmutzig. Weiße Fensterprofile kann man in solchen Fällen abschleifen und mit Sisalwalze und Lammfellrolle polieren.

### 7.3.5 „Gilb", „Pink", „Gray" und „Blue"

Hinter diesen Begriffen verbergen sich chemisch bedingte Farbveränderungen, die unter ganz speziellen Voraussetzungen an Pb-stabilisierten weißen PVC-Fensterprofilen beobachtet wurden und die zum größten Teil reversibel sind.

Der „*Gilb*" ist eine nur in Verbindung mit der alkalischen Pb-Stabilisierung auftretende Verfärbung von Profilen in Richtung gelb. An einem im Jahr 1992 aufgetretenen Fall soll das Zustandekommen dieser Verfärbung erläutert werden. Für einen PVC-Fensterprofilhersteller in Spanien wurde in 1991 eine Pb-stabilisierte PVC-Formmasse, die auch gefahrlos in Nordafrika eingesetzt werden könnte, entwickelt und geliefert. Im Frühsommer 1992 erfuhr der Lieferant des PVC-Compound, dass es bei Lagerung der Profile in der Extrusionshalle zu deutlich sichtbarer Gelbverfärbung gekommen war. Die Profiloberflächen waren an den Stellen, die für die Umgebungsluft zugänglich waren deutlich gelb verfärbt. Die abgedeckten Profilflächen waren unverändert. Die Innenseite der Profile war bis in eine Tiefe von ca. 25 cm vom Profilende her ebenfalls verfärbt. Bei Lagerung der Profile im Freien oder unter Sonneneinstrahlung verschwand die Verfärbung binnen weniger Stunden, der Originalfarbton stellte sich wieder ein. Eine eingehende Untersuchung dieses Phänomens zeigte den folgenden Sachverhalt.

Das mit basischem Pb-Phosphit stabilisierte Rezept enthielt neben den üblichen Costabilisatoren und Gleitmitteln zwecks Verbesserung der Anfangsfarbe auch noch 0,2 Teile eines Antioxidants vom Typ Octadecyl-3-(3.5-ditertiärbutyl-4-

hydroxiphenyl)-propionat, wie z. B. Irganox® 1076. Um die Stabilität auch für extreme klimatische Bedingungen zu verbessern waren im Rezept neben 6,0 Teilen $TiO_2$, *zusätzlich* 0,5 Teile Pb-Phosphit *und* 0,2 Teile Irganox® 1076 verwendet worden.

Die Profile wurden in einer relativ warmen, nur einseitig offenen Halle gelagert. In dieser Halle herrschte ein reger Stapler- und LKW-Verkehr. Naturgemäß waren bei geringen Luftbewegungen und hohen Temperaturen die $NO_X$-Konzentrationen verhältnismäßig hoch. Unter diesen Bedingungen konnte das Antioxidant unter Ausbildung konjugierter Doppelbindungen in dem alkalischen Milieu der Pb-Stabilisierung, durch $NO_X$ getriggert, oligomerisieren. Diese Oligomere führten zu der gelben Farbe. Sie wurden unter Einfluss von Licht reversibel monomerisiert, so dass die Profile bei Belichtung wieder ihre ursprüngliche Farbe erhielten. Die für diese Erscheinung notwendigen Randbedingungen, Gegenwart von $NO_X$ und Halbdunkel konnten im Labor mehrfach erfolgreich nachgestellt werden. Infolgedessen wurde das Antioxidants im Rezept ersatzlos gestrichen; der „Gilb" ist seitdem nicht mehr aufgetreten.

Der „*Pink*" versetzte die Fachwelt seit Beginn 1992 ebenfalls in Erstaunen. Im Jahr 1992 wurde erstmals, nach einem sehr feuchten Frühjahr, von Rosaverfärbungen an PVC-Fensterprofilen in England berichtet. Bei allen verfärbten Profilen war die Einbausituation Nord oder Nordost, die Profile waren alle Pb-stabilisiert und sie waren mit ganz bestimmten $TiO_2$-Typen pigmentiert. Wurden diese Profile direkter Sonnenbestrahlung ausgesetzt, verschwand die Rosaverfärbung. Fenster, die der direkten Sonneneinstrahlung ausgesetzt waren, verfärbten sich nicht. Bei senkrechten Profilabschnitten war im unteren Bereich stets eine stärkere Verfärbung zu beobachten.

Prüfungen mit analytischen Methoden und Untersuchungen an den Oberflächen von verfärbten und nicht verfärbten Profilen brachten keine Erkenntnisse zur Ursache des „Pink". Im so genannten „Grautest", einer Belichtung unter einer ca. 5 mm dicken Wasserschicht im Heraeus Suntest CPS (Bestrahlungsstärke 700 $W/m^2$, Wellenlänge $< 800$nm, Probenraumtemperatur 50 °C) verfärbten sich nur solche Profile grau, die auch eine Rosaverfärbung unter den oben genannten Bewitterungsbedingungen hatten. Bereits rosa gefärbte Flächen zeigten dabei weniger Vergrauung als Stellen am gleichen Profil, z. B. Rauminnenseite, die noch nicht rosa verfärbt waren. Alle Untersuchungen deuteten darauf hin, dass der Pink nur bei Profilen auftrat, die mit bestimmten $TiO_2$-Typen pigmentiert waren. Diese $TiO_2$-Typen unterscheiden sich vom Standard-$TiO_2$ durch einen niedrigeren $Al_2O_3$-Gehalt im Coating. Weiterhin besteht der Verdacht, dass der im Rutil immer in Spuren auftretende Anatas bei dieser Verfärbung auch eine Rolle spielt. Sicher aufgeklärt ist die Ursache des „Pink" bis heute nicht. Sicher ist jedoch, dass auch bei diesem Prozess in der PVC-Matrix vagabundierende Radikale eine Rolle spielen. Als Lehre aus diesem Phänomen ist jeder Profilhersteller gut beraten, wenn er nur die erfahrungsgemäß pinkunempfindlichen $TiO_2$-Typen in der PVC-Profilproduktion verwendet, sofern mit einer Pb-Stabilisierung gearbeitet wird.

Nach neueren Erkenntnissen im Hause eines Stabilisator-Herstellers soll die Entstehung von „Pink" von vornherein unterdrückbar sein, wenn in der Pb-Rezeptur geringe Mengen Zn-Stabilisator (z. B. Zn-Stearat) mitverwendet werden; dieses lässt den Schluss zu, dass auch bei diesem Phänomen freie Radikale eine wesentliche Rolle spielen. Das dürfte auch der Grund sein warum man dieses Phänomen bei Ca-Zn-stabilisierten Fensterprofilen bisher nicht beobachtet hat.

Der *„Gray"* ist auch ein nur bei Pb-Stabilisierung beobachtetes Phänomen. Es kann als sicher angenommen werden, dass die dabei beobachtete Grauverfärbung der Profile auf einem simplen radikalischen Effekt beruht, denn dieses Phänomen wurde immer nur dann beobachtet, wenn das im Rezept verwendete Titandioxid von minderer Qualität – d. h. geringere Reinheit und weniger gut stabilisiert – war. Die dabei durch den Photoeffekt gehäuft entstehenden Radikale reduzieren in dem alkalischen Milieu der Pb-Stabilisierung das Blei mit Unterstützung antioxidativer Rezeptbestandteile (z. B. Bisphenol A) bis auf die metallische Stufe; fein verteiltes Metall wirkt schwarz. Da bei diesem Vorgang tatsächlich nur sehr geringe Mengen Blei reduziert werden, bekommt das Profil einen Graustich.

Der *„Blue"* oder das *„blueing"* ist ein häufig beobachteter Vorgang, dem – weil relativ unauffällig – bisher meist nicht so viel Bedeutung beigemessen wurde. Unter Einwirkung von Sonnenlicht oder kurzwelligem Kunstlicht werden die Profiloberflächen weniger gelb, sie tendieren farbmetrisch deutlich nach Blau; daher die Bezeichnung „blueing". Der Effekt beruht darauf, dass die Valenzelektronen im Titandioxid durch energiereiche Strahlung (z. B. Sonnenlicht) auf ein energetisch höheres Niveau angehoben werden. Bei Rückkehr auf ihr „Normalniveau" geben diese Elektronen ihre Energie an die Umgebung ab, in der infolgedessen in der PVC-Matrix relativ langlebige Radikale entstehen. Diese Radikale sind in der Lage, die im PVC vorhandenen konjugierten Doppelbindungen, welche den Gelbstich am Profil verursachen, zu unterbrechen, indem sie sich an die PVC-Molekülkette addieren. Das Profil erscheint weniger gelb, also blauer. Das Phänomen der in Kunststoffmatrizen vagabundierenden Radikale ist seit vielen Jahren bekannt. Die ersten Veröffentlichungen dazu stammen von 1970 bis 1980. Im PVC-Profil wird dieses Phänomen bei Belichtung nur noch durch die Photoaktivität des Titandioxid verstärkt. In der Praxis wirkt sich dieser Effekt so aus, dass im Freien gelagerte Profile, die nicht sachgemäß abgedeckt wurden, an den belichteten Seiten etwas heller werden; besonders deutlich ist dieser Effekt bei Pb-stabilisierten Profilen zu beobachten.

### 7.3.6 Pilzbefall

Zu den natürlichen Alterungserscheinungen bei Freibewitterung von Kunststoffen gehört auch das Phänomen der „schwarzen Punkte“. Erstmals wurde ein Profilhersteller 1993 nach einem feuchtwarmen Frühjahr in Südfrankreich mit dieser Erscheinung konfrontiert, als das CSTB (Centre Scientifique et Technique du Bâtiment, Paris-Cedex) eine Prüfung zur Zulassung von Fensterprofilen aus gepfropftem PVC nach zweijähriger Exposition in der Freibewitterungsstation in Bandol (Frankreich) wegen zu starker „Verschmutzung“ ablehnte. An den überlassenen Profilen stellte man eine Unzahl schwarzer Punkte auf den bewitterten Oberflächen fest. Man ließ daraufhin an bewitterten PVC-Fensterprofilen von verschiedenen Bewitterungsstationen aus Deutschland (Limburgerhof), Spanien (Utrera/Sevilla) und Frankreich (Bandol) diese schwarzen Punkte untersuchen. Bei der BASF-Forschung stellte man fest, dass es sich bei diesen schwarzen Punkten um Pilzbefall handelt. Es wurde sowohl flaches, spinnennetzartiges als auch kugeliges Myzel auf den PVC-Oberflächen gefunden. Insgesamt konnten fünf verschiedene Pilzarten identifiziert werden. Die Pilze ernährten sich weder vom PVC, noch griffen sie die PVC-Oberfläche an. Das Wachstum der Pilze wurde durch Schmutzablagerungen aus der Atmosphäre auf den Profilen ermöglicht. Mit Wasser und einem normalen Haushaltsreiniger war der Pilzbefall samt dem Schmutz mühelos von den PVC-Oberflächen zu entfernen. Je rauer die PVC-Oberfläche war, desto mehr Schmutz war auf der Oberfläche und desto stärker war auch der Pilzbefall. Besonders glatte, hochglänzende Flächen waren am wenigsten befallen. Unterschiede hinsichtlich der Stabilisierung oder des PVC-Rohstoffes wurden nicht festgestellt. Andere Thermoplaste wie ABS, ASA, PP, PE und PC waren in gleichem Umfang wie das PVC befallen.

Nach einem trockenen Sommer und einigen heftigen Regengüssen im Herbst in Bandol waren die Profile wieder ganz sauber, so dass sie nunmehr vom CSTB für die Prüfung akzeptiert wurden. Wir können daraus die Lehre ziehen, dass PVC-Fensterprofile nicht nur aus ästhetischen Gründen möglichst glatte und geschlossene Oberflächen haben sollten, sondern auch wegen der damit geringeren Gefahr der Verschmutzung und den daraus resultierenden Konsequenzen.

# 8 Alternative Werkstoffe für Fensterprofile

Schlagzäh modifiziertes Hart-PVC hat sich seit 40 Jahren im Bauwesen als Kunststoffwerkstoff für die Herstellung von Bauprofilen generell und speziell von Fensterrahmenprofilen hervorragend bewährt. Diese Profile haben eine ausgezeichnete Beständigkeit gegen Einflüsse der Bewitterung bewiesen, so dass für die PVC-Fensterrahmen eine Lebenserwartung von etwa 50 Jahren inzwischen selbstverständlich ist.

Fensterprofile aus HI-PVC sind in der Anwendung gesundheitlich unbedenklich. Sowohl die Herstellung des PVC-Rohstoffes als auch seine Verarbeitung zu Profilen zeichnen sich durch einen relativen niedrigen Energiebedarf aus. Die Abfälle aus der PVC-Produktion werden stofflich oder thermisch in geschlossenen Anlagen rezykliert. Abfälle aus der Produktion der Profile und der Verschnitt aus der Fensterfertigung werden schon immer rezykliert. Aber auch die gebrauchten PVC-Fenster sind stofflich vollständig rezyklierbar. Sammelsysteme für gebrauchte PVC-Fensterrahmenprofile wurden in der gesamten Bundesrepublik flächendeckend aufgebaut. Daher erfüllen PVC-Fensterprofile sowohl technisch als auch ökologisch alle Wünsche, so dass es eigentlich keine Veranlassung gibt, den Einsatz von anderen Kunststoffen für Fensterprofile zu diskutieren.

Trotzdem wird hin und wieder die Frage aufgeworfen, ob es nicht weitere thermoplastische Kunststoffe gibt, aus denen hochwertige Fensterrahmenprofile hergestellt werden können. Daher sollen eine „Bestandsaufnahme" und ein vorsichtiger Blick in die Zukunft die aktuelle Situation ein wenig beleuchten.

Werkstoffalternativen zum PVC hat es schon immer gegeben. Noch heute behauptet sich das Fensterrahmenprofil aus Polyurethan (PUR) seit etwa 25 Jahren mit einem Anteil von weniger als 2 % am gesamten Fenstersektor auf diesem Markt. Es hat seinen festen Platz, kam jedoch nie über seinen bescheidenen Marktanteil hinaus, obwohl es technisch perfekt und ausgereift ist. Der Grund dafür dürfte sowohl ökonomischer als auch ökologischer Natur sein; das PUR-Fenster ist wesentlich teurer als das PVC-Fenster und es bereitet beim Rezyklieren Probleme.

Fensterrahmenprofile aus mit Glasfasern verstärktem Polyesterharz (GFK) wurden um 1980 im Markt vorgestellt. Sie haben sich aus technischen, ökonomischen und ökologischen Gründen nicht durchsetzen können und sind inzwischen wieder fast völlig verschwunden. Aus Noryl® (modifiziertes PPO der GE-Plastics) im Extrusionsverfahren hergestellte Fensterprofile wurden auch zu Beginn der 80er Jahre im Markt eingeführt, sie sind inzwischen für den Fenstermarkt bedeutungslos geworden. Die GE-Plastics versucht seit vielen Jahren mit unterschiedlichen Kunststoff-Werkstoff-Kombinationen und -Mischungen (Noryl®, Cycolac®, Cycoloy®, Xenoy® u. v. a.), auch unter Kooperation mit Herstellern von Kunststoffverarbeitungs-Maschinen, in den US-Fenstermarkt einzudringen. Bemerkenswerte Erfolge sind in dieser Richtung bisher jedoch nicht zu verzeichnen. Ein mit Holzmehl gefülltes Profil aus Polyolefin (PE) ist über das Stadium von bescheidenen Versuchen nicht hinaus gekommen. Aus DSD-Müll abgetrennte Polyolefinfraktionen wurden unter Zusatz von Füllstoff zu Profilen verarbeitet, die allenfalls sehr niedrige Anforderungen erfüllen können; für die Herstellung hochwertiger Fenster sind diese jedoch nicht geeignet. Man könnte diese Reihe von Versuchen zur Herstellung von Fensterprofilen sicherlich noch fortsetzen, es ist jedoch bis heute keine wirklich ernst zu nehmende Kunststoff-Werkstoff-Alternative bekannt geworden.

Kunststoff-Rohstoffhersteller und Kunststoff-Verarbeiter befassen sich seit Jahren sehr intensiv mit der Frage nach einer sinnvollen Alternative. Dabei sind zunächst vier Voraussetzungen durch den Werkstoff zu erfüllen:

- Ein möglicher Alternativwerkstoff soll vollständig rezyklierbar sein, damit aus einem alten, gebrauchten Fensterrahmen ein neues Fensterrahmenprofil, so wie es heute beim PVC üblich ist, hergestellt werden kann.
- Ein möglicher Alternativwerkstoff soll die technischen Anforderungen, die heute an einen Fensterrahmenwerkstoff gestellt werden, erfüllen.
- Ein möglicher Alternativwerkstoff muss extrudierbar sein, damit die Profile im kontinuierlichen Verfahren kostengünstig herstellbar sind.

Fensterrahmen aus einem Alternativwerkstoff müssen den Belastungen beim Einbau in den Baukörper und den Anforderungen im jahrzehntelangen Gebrauch gewachsen sein. Im Folgenden werden einige Kunststoff-Werkstoffe, die aufgrund ihrer Eigenschaften noch am ehesten für die Extrusion von Fensterprofilen in Frage kommen könnten, mit dem bewährten schlagzäh modifizierten PVC (HI-PVC) in einigen für die PVC-Fensterherstellung relevanten Eigenschaften verglichen (s. a. Tabelle 18 „Alternative Werkstoffe“ am Ende des Kapitels).

Untersucht wurden:

- ASA = Luran S® 797 SE / UVABS = Terluran KR® 2878
- PP = Novolen® 2511 HX TA 4 verstärkt
- PP/HIPS-Blend = Luranyl KR® 2401
- ASA/PC-Blend = Terblend S® KR 2861/1
- PMMA = Lucryl KR® 2008
- HI-PVC = Basis Vinidur SZ® 6465

Diese Werkstoffe kommen in einzelnen ihrer wesentlichen Eigenschaften, wie z. B. der Zähigkeit, dem Bewitterungsverhalten, der Wärmeformbeständigkeit, nicht jedoch im Extrusionsverhalten dem HI-PVC nahe.

Die Basis für diesen Vergleich ist die RAL-Güterichtlinie GZ 716/1 (Güte- und Prüfbestimmungen für Kunststoff-Fenster, Gütegemeinschaft Kunststoff-Fensterprofile im Qualitätsverband Kunststofferzeugnisse e.V. Bonn von 1985) bzw. die DIN 16 830 „Fensterprofile aus hochschlagzähem PVC". Diese Anforderungen gelten natürlich für Profile aus PVC, sie orientieren sich jedoch nicht am Werkstoff PVC, sondern an den für ein Kunststoff-Fensterprofil notwendigen technischen Eigenschaften.

In Kapitel 5.4.5 sind die aus Sicht des Anwendungstechnikers wichtigsten technischen Eigenschaften der Werkstoffe für Fensterprofile zusammengestellt.

Alle betrachteten thermoplastischen Werkstoffe sind in den gängigen Farben einfärbbar; wegen der thermischen Ausdehnung aller Thermoplaste sollte man sich jedoch bei Fensterprofilen möglichst für helle Farben, die sich unter Sonneneinstrahlung nicht zu stark aufheizen, entscheiden.

Aufgrund der technischen Entwicklung der Maschinen, Werkzeuge und Formmassen für PVC-Fensterprofile arbeitet beinahe jeder PVC-Fensterprofilhersteller mit einem auf seine technischen Belange optimal eingestellten Verarbeitungsrezept.

Farbe, Glanz, mechanische Eigenschaften und das Weiterverarbeitungsverhalten der PVC-Profile werden im Wesentlichen durch das Rezept und durch seine korrekte Einhaltung bestimmt.

PVC ist von den hier untersuchten thermoplastischen Werkstoffen der einzige mit einem typischen „wandgleitenden" Verhalten. Das bedeutet, dass sich zwischen der PVC-Schmelze und dem Metall der Verarbeitungsmaschine ein Gleitfilm ausbildet, so dass die PVC-Schmelze quasi in einer Pfropfenströmung durch das Werkzeug, in diesem Falle die Düse, gleiten kann. Nur aufgrund dieser Schmelzeeigenschaft ist es möglich, PVC so maßgenau innerhalb der erforderlichen Toleranzen bei relativ niedriger, d. h. bei schonender Verarbeitungs-Temperatur, zum Profil umzuarbeiten. Weiterhin ist der Verarbeitungsbereich im Hinblick auf die Schmelzetemperatur beim HI-PVC relativ breit, geringe Temperaturabweichungen in der Schmelze oder in den Werkzeugen führen nicht sofort zu katastrophalen Maßabweichungen am Profil. Die Verwendung anderer Thermoplaste für Fensterprofile setzt aufwändige und damit kostenintensive Änderungen an Extrudern, Werkzeugen und Weiterverarbeitungsmaschinen, möglicherweise auch eine Änderung am Profilsystem, voraus. Vom Hersteller der Fenster werden Profile mit hoher Maßhaltigkeit und geringen Toleranzen, besonders bei den so genannten Funktionsmaßen, gefordert. Nur aus maßhaltigen und dimensionsstabilen Profilen lassen sich rationell Fenster herstellen, welche die Anforderungen hinsichtlich

Schallschutz, Wärmeschutz, Funktion und Ästhetik erfüllen. Neben dem HI-PVC gibt es keinen thermoplastischen Werkstoff, der diese Anforderungen in dem Maße erfüllt, wie es heute vom Fensterhersteller und Verbraucher verlangt wird.

Das Viskositätsverhalten einer Schmelze über einen bestimmten Temperaturbereich ist auch entscheidend für das Schweißverhalten eines Werkstoffes. HI-PVC, als quasi nicht kristalliner Werkstoff, hat ein ausgesprochen gutmütiges Verhalten beim Schweißen mit Heizelementen; seine Viskosität ändert sich nur wenig über einem relativ breiten Temperaturbereich.

Für das Schweißverhalten eines Werkstoffes ist außerdem wichtig, wie viel Feuchtigkeit der Polymerwerkstoff nach der Extrusion enthält und wie viel Feuchtigkeit er bei Lagerung erneut aufnimmt. Keiner der hier behandelten denkbaren Alternativwerkstoffe erfüllt die Mindestanforderung für die Herstellung von Fenstern mit geschweißten Ecken: Entweder ist das Schweißverhalten ungünstig oder der Profilwerkstoff nimmt bei Lagerung Feuchtigkeit auf, so dass eine korrekte Schweißung nur nach zusätzlicher Trocknung der Profile möglich ist. Das kostet jedoch viel Lagerraum und Energie.

Die Elastizität und die Fähigkeit zur Aufnahme von Bewegungen zwischen den Fenstern und dem Baukörper, d. h., die Kerbempfindlichkeit des thermoplastischen Materials, ist bei der geschweißten Fensterecke von eminenter Bedeutung. Die auf Gehrung geschnittenen Profile werden für die Herstellung der Fenster in aller Regel zu 90°-Winkeln verschweißt. Die geschweißten Ecken müssen eine Mindestelastizität haben, damit bei Herstellung der Fenster, beim Transport und beim Gebrauch derselben keine Eckrisse auftreten. Die Bewegung, die eine geschweißte Ecke aufnehmen kann, korrekte Schweißbedingungen vorausgesetzt, wird im Wesentlichen vom E-Modul, der Zähigkeit und der Kerbempfindlichkeit des jeweiligen Werkstoffes bestimmt. Die Eigenschaften von HI-PVC werden in dieser Hinsicht von keinem der diskutierten „Alternativwerkstoffe" erreicht.

Die wesentliche Voraussetzung, die Werkstoff-Formmassen für Fensterprofile erfüllen müssen, ist eine hohe Witterungsbeständigkeit. Für Fensterrahmenprofile wird eine Widerstandsfähigkeit gegen die Einflüsse von Bewitterung von mehr als 30 Jahren als selbstverständlich erwartet; während dieses Zeitraums soll sich das Profil nicht wesentlich verfärben; und es darf auch seine mechanische Festigkeit und Zähigkeit nicht verlieren. Von allen diskutierten Formmassen erfüllen nur die Werkstoffe HI-PVC, PMMA und mit gewissen Einschränkungen auch ASA – es liegen darüber noch keine ausreichenden Erfahrungen vor – diese für die Gebrauchstüchtigkeit der Fenster notwendige Anforderung. Grundsätzlich könnte man durch geeignete Beschichtungen die Oberflächen von Profilen aus solchen „Werkstoffalternativen" verbessern. Dieses Vorgehen macht jedoch nur dann Sinn, wenn dadurch tatsächlich das Bewitterungsverhalten deutlich verbessert wird, wenn der dafür notwendige Aufwand in vernünftigem Verhältnis zum Erfolg steht und wenn das Rezyklierverhalten dadurch nicht verschlechtert wird. Derzeit liegen für die diskutierten „Alternativwerkstoffe“ keine ausreichenden Erfahrungen mit geeigneten Beschichtungsverfahren und Beschichtungswerkstoffen vor.

Die mechanischen Eigenschaften wie Wärmeformbeständigkeit, E-Modul und die Zähigkeit von Kunststoff-Formmassen sollten auf das Endprodukt optimal eingestellt werden.

In der Güterichtlinie und in der DIN-Norm ist die Mindestwärmeformbeständigkeit nach Vicat (VST/B) mit > 75 °C festgeschrieben. Das hat gute Gründe:

In Mitteleuropa wurden an weißen Fensterprofilen zwar nur maximal 45 °C, an dunklen (schwarzen) Profilen jedoch Temperaturen von über 60 °C gemessen. Unter besonders ungünstigen Bedingungen (Stauwärme) sollen sogar Temperaturen von bis zu 80 °C an dunkelbraunen Profilen gemessen worden sein. Die heute am Markt anzutreffenden PVC-Fensterprofile haben in der Regel eine VST/B von ca. 80 °C. Von den ausgewählten Werkstofftypen erfüllt das PP die Anforderungen an die Wärmeformbeständigkeit nicht.

Die Steifigkeit eines Profils wird, gleiche Geometrie vorausgesetzt, durch den E-Modul des Werkstoffes beschrieben. Berücksichtigt man, dass die meisten Fensterprofile mit Stahl- oder Aluminiumprofilen verstärkt werden, möchte man dem E-Modul des Fenstermaterials keine zu große Bedeutung beimessen; dennoch darf der geforderte Mindestwert nicht unterschritten werden, da allein schon durch die Kräfte am Fenster, ausgelöst durch die Druckverglasung oder das Gewicht der Scheiben, eine hohe Steifigkeit des Fensterprofilwerkstoffes unabdingbare Voraussetzung ist.

Die diskutierten Werkstoffe erfüllen alle die Anforderungen an den E-Modul.

Gemäß der Güterichtlinie bzw. der DIN-Norm müssen die Formmassen für die Herstellung von PVC-Fensterprofilen eine hohe Zähigkeit und geringe Kerbempfindlichkeit aufweisen, da es sonst bei Herstellung der Fenster, deren Transport und Montage und beim späteren Gebrauch zu Schäden am Profil bzw. am Fenster käme. Keine der behandelten „Alternativen“ außer Terblend S® erreicht das Niveau der Zähigkeit und Kerbunempfindlichkeit, wie wir es vom HI-PVC seit jeher gewohnt sind.

Die Wasserdampfdurchlässigkeit von PVC wurde bisher noch gar nicht in diesem Zusammenhang diskutiert. Im ersten Augenblick wird sich möglicherweise selbst ein Fachmann auf diesem Sektor fragen, was denn die Wasserdampfdurchlässigkeit beim Kunststoff-Fensterrahmen für eine Rolle spielt.

Bei einer Außentemperatur von 0 °C oder weniger im Winter und bei einer Wohnraumtemperatur von etwa 20 °C wird sich der Taupunkt, d. h., die Temperatur, bei welcher der in dem Profil vorhandene Wasserdampf kondensiert, irgendwo mitten im Profil im Bereich der Stahlaussteifung befinden. Ist die Wasserdampfdurchlässigkeit des Ersatzwerkstoffes hoch genug, dann wird das Aussteifungsprofil, welches in der Regel aus Stahl besteht, eines Tages zum Verrosten verdammt sein, weil aus dem warmen Wohnraum ständig Wasserdampf in das Profil hineindiffundiert und dort zu Wasser kondensiert.

HI-PVC hat von allen diskutierten Werkstoffen die geringste Wasserdampfdurchlässigkeit, daher kann, wie die Erfahrung gezeigt hat, dieses Szenario beim PVC-Fensterrahmen nicht auftreten. Wie sich in diesem Falle die anderen Werkstoffe verhalten, wissen wir nicht, da noch keine Erfahrungen dazu vorliegen; sie werden jedoch wesentlich kritischer zu betrachten sein.

Unübertroffen ist der Fensterrahmen aus PVC auch im Brandverhalten. PVC-Fensterrahmenprofile sind schwerentflammbar; sie brennen nur dann, wenn sie durch ein Stützfeuer direkt beflammt werden. Wird das Stützfeuer entfernt, dann verlöscht das PVC-Profil sofort.

Grundsätzlich tragen Fenster wegen ihrer geringen Masse sowieso nur wenig zum Brandverlauf bei einem eventuellen Gebäudebrand bei. Es gibt daher keine bau- oder brandrechtlichen Einschränkungen für Fensterrahmen-Werkstoffe. Praxisnahe Brandversuche haben allerdings gezeigt, dass PVC-Fensterrahmen aufgrund ihrer Schwerentflammbarkeit Vorteile bieten.

Umfangreiche Untersuchungen von Gebäudebränden zeigten, dass die Gefährdung von Menschen im Brandfall – abgesehen von der Hitze – überwiegend vom dabei entstehenden Kohlenmonoxid (CO) ausgeht, welches bei jedem Brand entsteht, völlig unabhängig davon, ob PVC beteiligt ist oder nicht. Dagegen ist das in PVC-Brandgasen enthaltene Salzsäuregas (HCl) viel weniger gefährlich. Weil das PVC nur mit Stützfeuer brennt, steigt die HCl-Konzentration nach Brandbeginn nur sehr langsam an. Von Fensterrahmen ausgehende Brandgase werden in der Regel größtenteils ins Freie gedrückt und die im Gegensatz zum geruchlosen Kohlenmonoxid schleimhautreizende Salzsäure (HCl) hat unter Umständen eine Warnfunktion, lange bevor sie eine für den Menschen kritische Konzentration erreicht. Kein Mensch ist bisher nachweislich bei einem Gebäudebrand durch verbrennende PVC-Fensterrahmen zu Schaden gekommen.

Nicht erst seit der offizielle Untersuchungsbericht zu dem schrecklichen Brandunglück im Düsseldorfer Flughafen vorliegt weiß man, dass der Vorwurf, PVC erzeuge im Brandfall giftige Dioxine und Furane völlig unhaltbar ist. Dioxine und Furane entstehen immer, bei allen Bränden, da in fast allen organischen Stoffen Chlorverbindungen enthalten sind. Erhöhte Dioxin- oder Furan-Werte konnten bei Bränden unter Beteiligung von PVC niemals nachgewiesen werden. Das Bundesgesundheitsamt unterscheidet daher in seinen „Empfehlungen zur Reinigung von Gebäuden nach Bränden“ nicht zwischen Bränden mit oder ohne PVC-Beteiligung. Somit kann die Frage nach einem erhöhten Gefährdungspotenzial bei Gebäudebränden, bedingt durch PVC, klar verneint werden. Infolgedessen erhebt die Versicherungswirtschaft keine höheren Prämien für Gebäude, an oder in denen PVC verwendet wurde, und sie gewährt auch keinen Nachlass, wenn kein PVC verwendet wurde.

Anders sehen die Verhältnisse allerdings bei den anderen Fensterwerkstoffen und den denkbaren „Alternativen“ aus. Ein Aluminiumprofil brennt nicht, wohl aber die Kunststoffteile, die zur Unterbrechung des Wärmeflusses im Alu-Profil notwendig sind. Holzfensterrahmen brennen selbstverständlich gut, und wenn die Fensterrahmen lackiert sind, dann brennt die Lackschicht auch noch. Die so genannten Alternativ-Werkstoffe brennen alle recht gut und müssten daher zusätzlich mit einem „Brandschutz“ ausgerüstet werden.

Das PVC-Fensterprofil hat eine etwa 40-jährige Entwicklungs- und Bewährungszeit hinter sich und daher ist kein anderer Kunststoff-Werkstoff so gründlich im Hinblick auf

- technische Eignung,
- Umweltverträglichkeit,
- gesundheitliche Unbedenklichkeit,
- Rezyklier- und Entsorgungsverhalten

in Frage gestellt und geprüft worden.

Heute wird kein Kritiker, der ernst genommen werden möchte, den Verzicht von PVC als Werkstoff für Fensterprofile fordern, denn PVC ist ökologisch und ökonomisch auch gegenüber Holz absolut wettbewerbsfähig.

Nach der politischen Diskussion der 80er und 90er Jahre ist es zu einer Neubewertung des Werkstoffs PVC gekommen. Schon 1994 stellte die Enquête-Kommission des deutschen Bundestags „Schutz des Menschen und der Umwelt“ einmütig fest, dass ohne ökonomische und ökologische Begründung die Substitution von PVC durch andere Werkstoffe nicht empfohlen werden kann, denn eine solche Substitution würde die Gefahr einer Problemverschiebung oder einer Verschlechterung des gegenwärtigen Zustandes in sich bergen. Zwischenzeitlich haben sich immer mehr offizielle und politische Kreise, darunter sogar „Die Grünen“ zum Werkstoff PVC bekannt.

Weiterhin reicht kein anderer thermoplastischer Kunststoff-Werkstoff im Hinblick auf die Herstellung von Fenstern an das Preis-/Leistungsverhältnis des HI-PVC heran.

Zweifellos gibt es einige Kunststoff-Formmassen, die das HI-PVC in bestimmten Eigenschaften übertreffen oder ihm in einigen gleichwertig sind. Es gibt zurzeit jedoch keine Kunststoff-Formmasse, die das breite Spektrum der guten Eigenschaften von HI-PVC, die wir für die Herstellung von Fensterrahmenprofilen benötigen, bei gleich günstigem Preis in sich vereint. Daher gibt es heute auch keine sinnvolle technische Alternative zum HI-PVC für Fensterprofile. Außerdem haben alle hier diskutierten Alternativen, wie praxisbezogene Berechnungen zeigen, einen weiteren gravierenden Nachteil. Der laufende Meter Hauptprofil aus dem Alternativ-Werkstoff wäre zwischen 0,40 und 1,45 € teurer als das bewährte PVC-U-Profil; auf einem umkämpften Profilmarkt lassen sich solche Mehrkosten überhaupt nicht durchsetzen.

Bei allen Vorschlägen zu alternativen Materialien sollte immer zuerst die Frage gestellt werden: „Was ändert sich dadurch“? und: „Wem nützt es?“. Vor diesem Hintergrund sollten auch die jüngsten Versuche mit Holz- oder Naturstoff-Faser-Kunststoff-Mischungen betrachtet werden. Sei es, dass Gemische aus Holzschliff oder Lignin (Holz-Gerüststoff, Abfallstoff bei der Zellwolleherstellung aus Holz) mit Stärke oder biologisch abbaubarem Kunststoff oder einem Polyolefin angepriesen werden, sei es, dass verarbeitungsfertige Mischungen (z. B. „Fasalex®“) als Alternative angeboten werden. Alle diese „sensationellen“ Neuheiten hatten bisher einen Nachteil: Entweder war von vornherein zu erkennen, dass dieser Werkstoff für Fensterprofile nicht geeignet ist (z. B. Fasalex® oder Kombinationen mit abbaubaren Polymeren) oder diese Mischungen waren gar nicht erst zu Profilen verarbeitbar.

Eine alte Regel besagt: Das Bessere ist der Feind des Guten. Vertrauen wir darauf!

Wenn es denn eines Tages tatsächlich eine sinnvolle Alternative zum HI-PVC für Fensterprofile geben sollte, dann wird sich der Markt auch dafür entscheiden, so wie sich der Markt vor 45 Jahren für das PVC-Fensterprofil entschieden hat.

**Tabelle 18:** Alternative Werkstoffe

| Thermoplastgr./ Eigenschaften | ASA | ABS | PPE/HIPS | ASA/PC | PMMA | PP | HI-PVC | RAL-GZ 716/1 |
|---|---|---|---|---|---|---|---|---|
| Handelsname | Luran S | Terluran | Luranyl | Terblend S | Lucryl | Novolen | Vinidur | DIN |
| Typ | 797/SE UV | KR 2878 | KR 2401 | KR 2861/1 | KR 2008 | 2511 HX TA 4 | SZ 6465 | 16830 T.2 |
| Einfärbbarkeit | + | + | + | + | + | + | + | |
| Extrusionsverhalten | ○ | ○ | ○ | ○ | ○ | ○ | + | |
| Dimensionsstabilität | ○ | ○ | + | + | + | – | # | |
| Schweißverhalten | * | * | */** | */** | */** | ○ | + | |
| Elastizität der Schweißnaht | + | + | ○ | ○ | ○ | ○ | # | |
| Kerbempfindlichkeit | ○ | ○ | ○ | ○ | – | ○ | # | |
| Bewitterungsverhalten | ? | – | – | + | # | – | # | |
| Gasdurchlässigkeit | ○ | ○ | ○ | ○ | ○ | ○ | # | |
| Wärmeformbest. VST/B °C | 92 | 98 | 117 | 120 | 103 | 66 | 80 | > 75 |
| Elastizitätsmodul N/mm² | 2000 | 2300 | 2500 | 2300 | 2400 | 2200 | 2450 | > 2000 |
| Kerbschlagzähigkeit KJ/m² | | | | | | | | |
| Charpy DIN 53453 | 20 | 15 | 10 | 40 | 3 | 20 | 25 | > 20 |
| Doppel-V DIN 53753 | | | | | | | 50 | > 40 |
| DIN/ISO 179 | 45 | 40 | 20 | 65 | 3 | 30 | 60 | |

Legende: # erfüllt sehr gut; + erfüllt gut; ○ erfüllt mit Einschränkungen; * nur mit trockenem Material möglich;
** enger Schweißbereich; ? Langzeiterfahrung fehlt.

# 9 Staubexplosionsrisiken und ihre Bewertung

Beim Ablauf chemischer und mechanischer Prozesse, an denen brennbare Stoffe oder Stoffgemische beteiligt sind, kann es zur Bildung explosionsfähiger Gemische kommen. Weitere Voraussetzung für eine explosionsfähige Mischung ist auch eine ausreichende Sauerstoffkonzentration; zu einer Explosion kommt es aber erst dann, wenn eine Zündquelle mit ausreichender Energie vorhanden ist.

Bei der Verarbeitung von Kunststoffen können Staubarten auftreten, die in Luft zündfähig sind. Die Zündfreudigkeit solcher Gemische hängt dabei ab von

- der Korngrößenverteilung der Staubpartikel,
- der Staubkonzentration,
- der chemischen Beschaffenheit des Staubes,
- der Sauerstoffkonzentration vor Ort.

Für die sichere Führung der Prozesse ist die Kenntnis dieser vier Faktoren von entscheidender Bedeutung. Sie lassen sich jedoch in aller Regel nicht exakt bestimmen. Es ist daher zweckmäßig, die Maßnahmen zur Vermeidung von Staubexplosionen zu kennen. Basis für diese Maßnahmen ist die VDI-Richtlinie 2263.

## 9.1 Schutzmaßnahmen

### Vermeiden von Zündquellen

In Anlagen zur Förderung und Verarbeitung von Kunststoffen gibt es ungefähr ein Dutzend mögliche Zündquellen. Eine der wichtigsten davon ist die elektrostatische Aufladung. Daher sollen alle Behälter, Leitungen und Schläuche elektrisch leitend und geerdet sein.

### Vermeiden von zündfähiger Atmosphäre

Verminderung der Sauerstoffkonzentration (Inertisierung) z. B. mit Stickstoff oder Kohlendioxid. In den meisten Fällen reicht auch schon eine Teilinertisierung zur vollständigen Unterdrückung einer Staubexplosion aus. Stoffe, die bereits Sauerstoff enthalten sind unter Umständen nicht inertisierbar. Für eine Inertisierung sollte man immer wissen, wie viel Liter oder Kilogramm Förderluft pro

Zeiteinheit benötigt werden, um die Wirkungsdauer einer Inertisierung abschätzen zu können. Weiterhin ist dieVerminderung der Staubkonzentration unter die Explosionsgrenze ein ganz wichtiger Faktor.

**Begrenzung der Auswirkungen einer Explosion**

- Druckfeste Bauweise (übersteht schadlos die Explosion). Man rechnet dabei wie folgt. Pmax = (8 bis 13) × Betriebsdruck in bar.
- Druckstoßfeste Bauweise (übersteht 1 Explosion).
- Einbau einer Druckentlastung, z. B. große Klappen, die sich im Falle eines Druckanstiegs öffnen (s. Bild 24). In alten Anlagen lassen sich aus oft statischen und/oder räumlichen Gründen keine Druckentlastungsvorrichtungen einbauen.

## 9.2 Zur Beurteilung der Staubexplosionsklassen und -risiken

### 9.2.1 Klassifizierung

Basis für die Klassifizierung von Stoffen nach Staubexplosionsklassen (ST) ist die VDI-Richtlinie 3673. Sie stellt ein Maß für die Druckanstieggeschwindigkeit (bar × m/s), also der Brisanz, im Falle einer Explosion dar.

- ST 0 nicht staubexplosionsgefährlich
- ST 1 Druckanstieggeschwindigkeit > 0 bis 200
- ST 2 Druckanstieggeschwindigkeit > 200 bis 300
- ST 3 Druckanstieggeschwindigkeit > 300.

Die Angabe der ST-Klassen 1 bis 3 bedeutet *keinen* Hinweis auf das Staubexplosionsrisiko; der Druckanstieg pro Zeiteinheit ist jedoch für die Auslegung der Druckentlastungs-Maßnahmen von Bedeutung. Stoffe der Klasse ST 1 sind *genauso explosionsgefährdet* wie Stoffe der Klasse ST 2 bzw. ST 3. Im Hinblick auf den zu erwartenden Schaden bestehen keine Unterschiede zwischen den ST-Klassen, da die näheren Umstände einer Explosion für den jeweiligen Schaden maßgeblich sind.

### 9.2.2 Zündenergie

Die Energie, welche benötigt wird, um ein Stoffgemisch zu zünden, nennt man Zündenergie; sie wird meist als „*Mindestzündenergie*“ angegeben. Die Mindestzündenergie ist daher auch ein Maß für die Zündempfindlichkeit von Staub-Luftgemischen durch elektrische Funken. Sie wird im Wesentlichen durch den Feinanteil im Staub und seine chemische Natur, d. h. Reaktionsbereitschaft mit Sauerstoff bestimmt. Sie bestimmt maßgeblich das Risiko einer Explosion. Da Kunststoffpulver und -granulate immer einen bestimmten Feinstaubanteil haben (Abrieb, Feinkorn), der sich – oftmals ohne Kenntnis des Betriebspersonals – an bestimmten bevorzugten Punkten anreichern kann, darf man davon ausgehen, dass immer genügend Feinstaub für eine Explosion vorhanden ist. Zu einer Explosion kommt es jedoch in der Regel erst dann, wenn dieser Feinstaub aufgewirbelt wird und wenn gleichzeitig eine Zündquelle vorhanden ist. Als Zündquelle kann dann aber auch schon ein heißes Maschinenteil (Heizband o.ä.) dienen. Auf diese Weise ist es in verschiedenen Betrieben, in denen man mit derartigen Risiken überhaupt nicht rechnete, zu verheerenden Explosionen gekommen. Daher müssen auch Ansammlungen von Feinstaub in Kunststoff verarbeitenden Betrieben unbedingt vermieden werden.

### 9.2.3 Explosionsverlauf

Der Verlauf einer Staubexplosion mit und ohne Druckentlastung ist in Bild 24 dargestellt. Die Steigung der Geraden ist produktspezifisch – sie stellt die Brisanz einer Explosion dar, aber sie ist kein Maß für die Wahrscheinlichkeit einer Explosion.

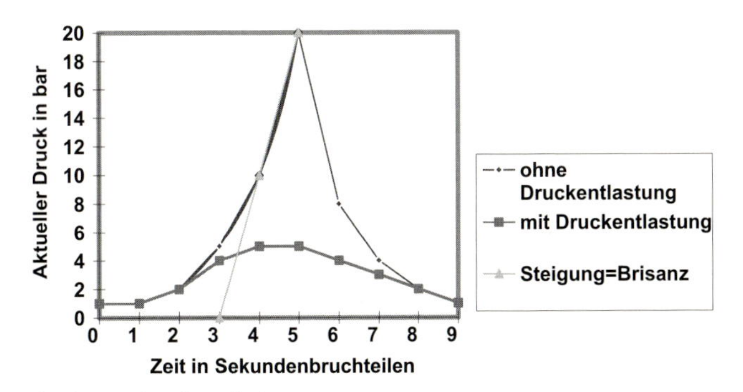


**Bild 24:** Verlauf einer Staubexplosion

### 9.2.4 Allgemeine Sicherheitsempfehlungen

Die folgenden Empfehlungen sollten eingehalten werden:

- Die gesamte Anlage soweit wie möglich staubfrei halten.
- Horizontale Flächen wegen Staubablagerung vermeiden.
- Abluftkanäle auf kürzestem Weg ins Freie führen.
- Alle möglichen Zündquellen vermeiden.
- Um explosionsgefährdete Bereiche Schutz- und Ausblaswände konzipieren.
- Bedienungspersonal qualifiziert unterweisen lassen.

Die wirtschaftlichste Maßnahme zur Vermeidung von Staubexplosionen ist immer das Vermeiden von Zündquellen.

Man sollte an vorbeugenden Maßnahmen immer etwas mehr tun, als von den Behörden verlangt wird, damit im Schadensfalle ausreichende Sorgfalt nachgewiesen werden kann.

Im Übrigen wird auf im Anhang erwähnte Fachliteratur hingewiesen.

# 10 Aktuelle Marktsituation

In der BRD wurden 2004 insgesamt 1,9 Mio t PVC produziert. Daran beteiligt waren die 4 Erzeuger EVC, Solvin, Vestolit und Vinnolit. Verbraucht wurden in Deutschland allerdings nur 1,6 Mio t PVC; 0,3 Mio t wurden exportiert. Der PVC-Verbrauch verteilt sich auf die in Bild 25 dargestellten Einsatzgebiete.

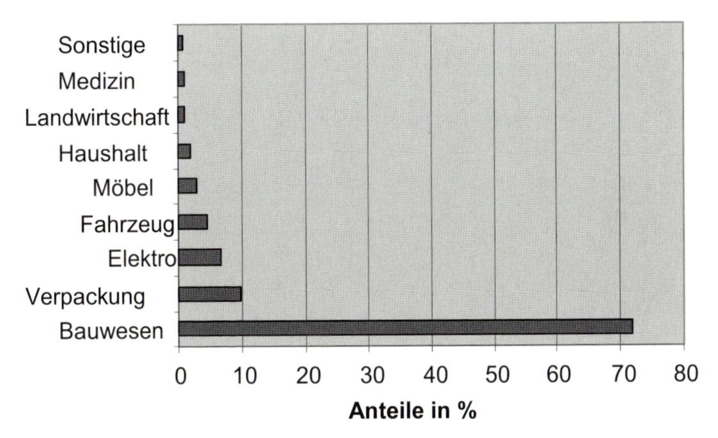


**Bild 25:** PVC-Anwendungen im Jahre 2004

An der Verteilung der verschiedenen Einsatzgebiete hat sich im Laufe der letzten Jahre nichts Wesentliches geändert. Durch den gesamten Rückgang beim öffentlichen und privaten Wohnbau ist es zu kleinen Verschiebungen bei den Gesamteinsatzmengen gekommen. An der groben Verteilung der PVC-Einsatzgebiete hat sich dabei jedoch kaum etwas geändert. Die Bauwirtschaft ist praktisch von Anfang an der bedeutendste Anwender von PVC-Produkten. Von den 2004 verwendeten 1,6 Mio t PVC gingen über 70 % in das Bauwesen. Traditionell waren Rohre, Bauprofile, Fußböden, Kabel und Folien schon immer stark im Bauwesen vertreten. Seit Beginn der 70er Jahre der Boom bei den PVC-Fensterprofilen einsetzte, gab es für das PVC einen erneuten Schub, der den Rückgang bei den Rohren, bedingt durch den Ersatz von Druckwasserrohren und Gasrohren durch spezielle Polyolefine im gleichen Zeitraum, weit übertraf. Zum besseren Verständnis soll hier auch erläutert werden, dass die Kabel und Leitungen im Hoch- und Tiefbau für dieses Diagramm dem Bauwesen zugeschlagen wurden, daher erscheint der Elektroanteil mit 6,8 % geringer als im Kapitel 5.9 „Kabel- und Drahtummantelungen") angegeben. Bild 26 veranschaulicht den Einsatz von PVC im Jahre 2004 in den einzelnen Bereichen des Bauwesens.

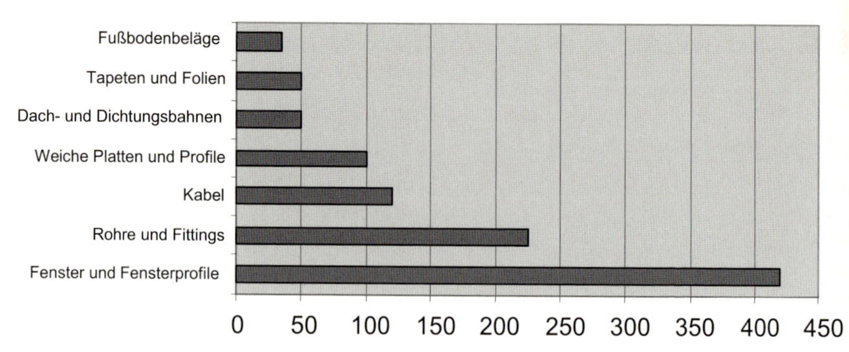


**Bild 26:** PVC im Bauwesen im Jahre 2004 (in 1000 Tonnen)

Die PVC-Hersteller und die PVC verarbeitende Industrie sehen daher auch optimistisch in die Zukunft und erwarten für PVC ein weiteres, stetiges Wachstum von etwa 1,7 % pro Jahr (Bild 27).

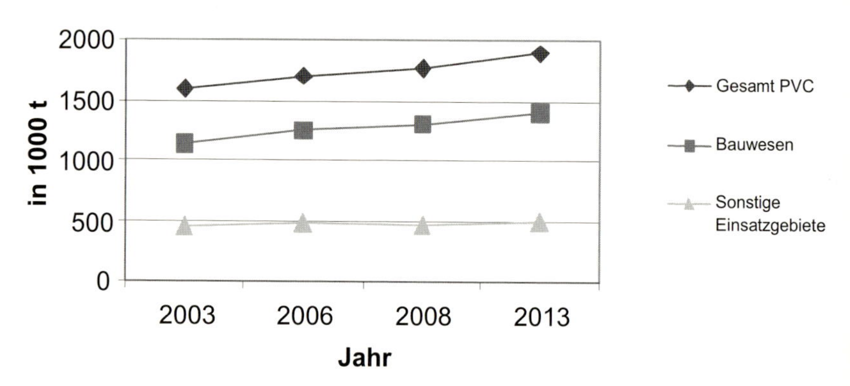


**Bild 27:** PVC-Verbrauchsprognose für Deutschland

# Index

**Q**



**R**



**S**

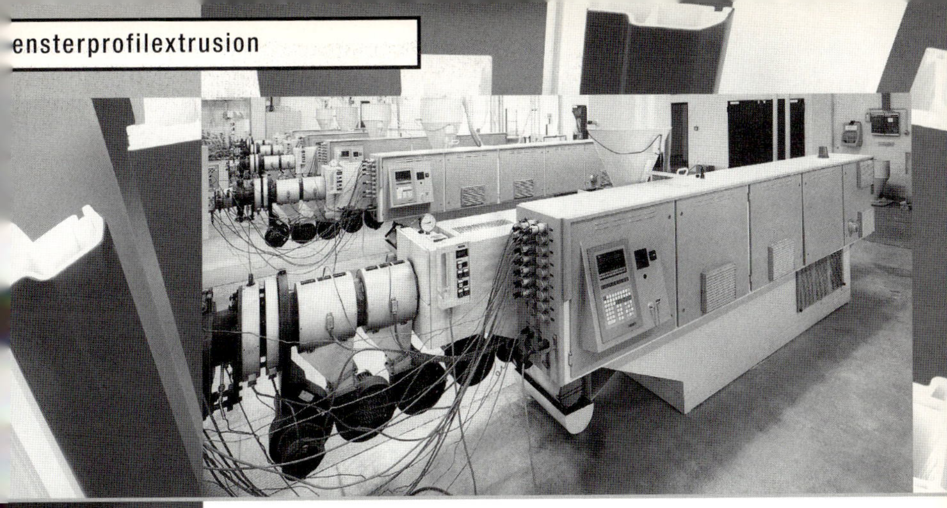

## Sonderkonzepte zur Steigerung der Stellplatzkapazität

Um den Marktanforderungen gerecht zu werden, ist vor allen Dingen in der Konstruktion der Extruder maximale Flexibilität gefragt. So ist es Stand der Technik, Fensterprofile in Co-Extrusion herzustellen. Das zu fertigende Profil wird dabei mit einer dünnen Schicht an den Sichtflächen überzogen. Mögliche Varianten der Co-Extrusion sind Verwendung von Regeneraten für Nicht-Sichtflächen, Außenschicht aus Neuware, Beschichtung der Sichtflächen mit andersfarbigem Material und Beschichtung der Sichtflächen mit Nicht-PVC-Materialien (z. B. PMMA).

Um der Forderung der Verarbeiter nachzukommen, auf engstem Raum mit zwei Strängen zu extrudieren, hat WEBER eine DUO-Anlage konzipiert.

Ein erhöhtes Maß an Flexibilität in der Produktion war der Hauptgrund für die Entwicklung dieser, als deutsches Gebrauchsmuster geschützten Lösung. Diese Konstruktion bietet die Möglichkeit, unterschiedliche Profilgeometrien rechts und links zu produzieren. Der derzeitige Trend im Markt hin zu einer prozeßsicheren, flexiblen Produktion kann mit dieser Lösung realisiert werden.

Dieses Maschinenkonzept ist auch für unterschiedliche Maximalausstoßleistungen erhältlich. Hierbei werden Extruder mittlerer und verfahrenstechnisch optimaler Baugröße eingesetzt. Die Variante einer Co-Extrusionsanlage im Rahmen dieses Duo-Konzepts ist ebenfalls Stand der Technik. In diesem Falle werden leistungsstarke konische Doppelschneckenextruder an den Hauptextrudern, wie bereits beschrieben, installiert. Bedienseitig erfolgt die Einbindung der Co-Extruder über integrierte Mikroprozessorsteuerungen, die eine lückenlose Produktionsdatenerfassung bei ständiger Überwachung und Kontrolle der relevanten Extrusionsparameter gewährleistet.

Aufgrund der Flexibilität in der Produktion ist es absolut notwendig, einen zuverlässig arbeitenden Extruder für den geforderten Ausstoßbereich zu haben.

Bei der Definition des Anforderungsprofils eines Extruders ist nicht nur die maximal geforderte Leistung von Belang, sondern auch die Mindestausstoßleistung, mit der der Extruder betrieben werden soll. Gemeinsam mit dem Kunden gestaltet WEBER optimal das für die jeweilige Aufgabenstellung benötigte Maschinenkonzept.

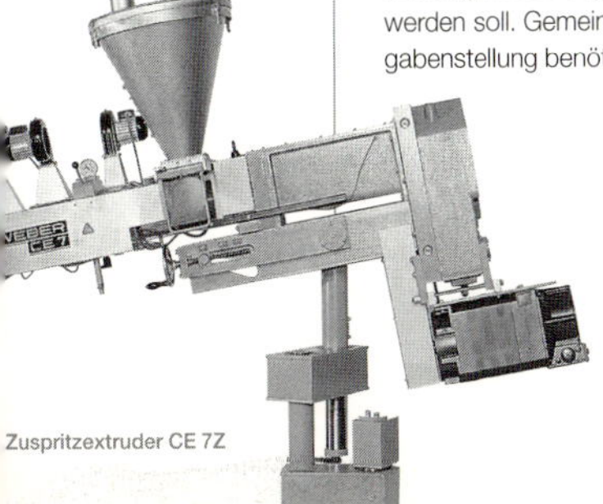


Zuspritzextruder CE 7Z

Hans Weber
Maschinenfabrik GmbH
Bamberger Straße 19 – 21
D-96317 Kronach
Postfach 18 62
D-96308 Kronach
Telefon +49(0) 92 61 4 09-0
Telefax +49(0) 92 61 4 09-1 99
email: info@hansweber.de
Internet: www.hansweber.de